U0309396

航天火工装置

刘竹生　王小军　朱学昌　王国辉　等 编著

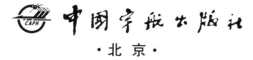
中国宇航出版社
·北京·

图书在版编目（CIP）数据

航天火工装置/刘竹生等编著. －－北京 ：中国宇航出版社，2012.12

ISBN 978－7－5159－0357－6

Ⅰ．①航… Ⅱ．①刘… Ⅲ．①航天器－点火装置 Ⅳ．①V47

中国版本图书馆 CIP 数据核字（2012）第 297114 号

责任编辑　曹晓勇　彭晨光

责任校对　祝延萍　　封面设计　文道思

出　版
发　行　**中国宇航出版社**

社　址	北京市阜成路 8 号　邮　编　100830
	(010)68768548
网　址	www.caphbook.com
经　销	新华书店
发行部	(010)68371900　　(010)88530478(传真)
	(010)68768541　　(010)68767294(传真)
零售店	读者服务部　　北京宇航文苑
	(010)68371105　　(010)62529336
承　印	北京画中画印刷有限公司

版　次　2012 年 12 月第 1 版

　　　　2012 年 12 月第 1 次印刷

规　格　787×1092

开　本　1/16

印　张　12.5　彩　插　8 面

字　数　288 千字

书　号　ISBN 978－7－5159－0357－6

定　价　128.00 元

本书如有印装质量问题，可与发行部联系调换

《航天火工装置》
编 撰 委 员 会

主　编　刘竹生

副主编　王小军　朱学昌　王国辉

编　委　（以姓氏音序排列）

毕　岚	才满瑞	陈岱松	范新中	冯鹏洲	季宝峰
李娟娟	刘爱莲	刘金峰	落龚寿	吕　刚	马　飞
马忠辉	沈　美	宋保永	苏　晗	孙海霞	孙　璟
唐　科	唐　颀	涂　建	王　丹	王　飞	王　静
王　伟	王英浩	吴晗玲	肖　松	徐汉中	姚世东
袁水林	曾雅琴	张　亮	张秋芳	周　鑫	朱　艳

编　辑　王　飞　马忠辉　王　伟

序

每次运载火箭的发射，随着"点火"、"起飞"、"助推器分离"、"一二级分离"、"整流罩分离"、"二三级分离"、"星箭分离"、"太阳能帆板展开"等口令的发出，航天人都会屏住呼吸，当看到被分离的箭体在天空中划出美丽的弧线，才能稍有放松，但马上又要迎接下一个分离动作。在从发动机点火至将有效载荷成功送入预定轨道的飞行过程中，每个动作都是一个里程碑，决定着发射任务的成败。美国金牛座运载火箭、国内某航天飞行器试验就因为未正常分离导致飞行任务失败，航天史上这样的例子屡见不鲜。分离系统是航天飞行器的重要组成部分，分离火工装置是分离系统的关键，它在分离系统中的应用仅是航天火工装置应用的一个方面，由此可见，航天火工装置在航天领域的重要性。

航天火工装置具有功能多、种类多的特点，主要分为点火器、起爆器、连接分离装置、传爆装置等几大类，广泛应用于航天工程的地面、分离、逃逸、动力及自毁等系统。由于应用范围较广，航天系统多个领域、众多专业的设计人员都需要深入、系统地掌握火工装置相关知识。

目前，关于航天火工装置的专著非常少，这主要是由这一类产品的特点决定的。航天火工装置与一般通用产品不同，火工装置技术的发展与航天飞行器系统的发展有着密切的联系，具有较强的工程色彩，如果脱离工程应用实践去介绍航天火工装置技术，则在很大程度上失去了应用价值。近些年来，随着航天事业的快速发展，火工装置设计队伍的日益壮大，迫切需求该领域的专著。前人的研制经验可以帮助年轻人更快成长，这也是确保航天产品质量的有效途径之一。编写本书的初衷正是总结与提炼前人在航天火工装置领域几十年的研制经验，使得这一宝贵的财富可以得到更好的传承。

本书按照航天火工装置的分类，系统地介绍了各种火工装置的原理、性能参数设计以及应用特点。通过列举成功的工程应用实例，对各种火工装置的应用特点、应用经验、设计禁忌进行了深入剖析，总结提炼了工程应用经验。另外，本书对航天火工装置的可靠性设计和试验方法也进行了系统论述。参与本书编写的作者都是从事航天火工装置设计工作多年的一线设计人员，他们把丰富的知识和多年的工作经验体会融入到本书中，理论与实践相结合，使本书具有很高的学术水平和工程应用价值。

刘竹生

2012 年 12 月

前　言

　　航天火工装置是在航天型号中研制并得以应用的火工装置。航天火工装置在航天飞行器中起着很关键的作用，如火箭发动机点火、级间分离、整流罩分离、星箭分离、增压输送管路阀门开启等功能都需要火工装置来实现。

　　由于航天火工装置的作用很关键，航天飞行器对火工装置产品的要求十分严格。航天火工装置的研制是一个非常复杂的过程，一种航天火工装置从论证、设计、试验到最终状态的确定一般需要几年甚至十几年的时间。我国航天火工装置的研制经历了引进、仿制、创新的过程，目前已独立研制出了各种类型的系列产品，在这些产品的研制过程中获得了不少经验和教训。为了后续产品的研制更加顺利，应用更加合理，以适应我国航天事业的快速发展需求，作者总结了航天火工装置研制和使用过程中的经验，形成此书。

　　本书把航天火工装置分成起爆器、传爆装置、分离装置、动力作动装置和保险安控装置五大类。第1章介绍了关于航天火工装置的基本知识及其现状与发展；第2章到第6章介绍了各类产品的组成与工作原理、性能参数、设计方法以及应用情况等；第7章介绍了火工系统设计和火工装置的选用方法；第8章介绍了航天火工装置可靠性与安全性设计；第9章介绍了航天火工装置试验类型及方法；第10章介绍了新型火工装置的研究与应用；附录介绍了航天火工装置试验方法、相关标准和术语。

　　本书由刘竹生主编，第1章由王国辉、姚世东、吴晗玲等编写，第2章由朱学昌、吕钢、刘金峰、落夔寿、徐汉中、朱艳、冯鹏洲等编写，第3章由朱学昌、张亮、徐汉中、冯鹏洲编写，第4章由刘爱莲、唐顾、周鑫、毕岚、陈岱松、徐汉中、朱学昌、朱艳、沈美、孙璟、肖松、宋保永、唐科、苏晗、范新中、孙海霞等编写，第5章由范新中、朱艳、袁水林、徐汉中、涂建、季宝峰等编写，第6章由张秋芳、李娟娟、唐科、孙璟、曾雅琴、马飞等编写，第7章由吕钢、陈岱松、朱艳、王飞等编写，第8章由王伟等编写，第9章由宋保永、王静等编写，第10章由王国辉、吴晗玲、吕钢等编写，附录由宋保永、王丹和才满瑞等编写。王飞、马忠辉、王伟对全书书稿进行了编辑。朱学昌主要审查修改了第2章到第7章、第9章和第10章，王国辉主要审查修改了第1章、第7章到第10章，刘竹生、王小军对全书进行了审查。

　　本书从策划到成稿历时两年多，在此期间，王亚军、王福忠、张东、谷立祥、徐洪平等为本书的编写提供了指导和资料来源，主福忠还组织了本书前期的策划工作。王英浩、王小静、蓝鲲、娄路亮、黄诚、康永来、权晓波、张旭辉、张兵等为本书的编写提供了支持帮助。龚翔、谢鲁对本书内容进行了审查，并提出了宝贵的意见，李文钊对本书的可靠性和安全性设计提出了宝贵意见。胡晓军、落龑寿、王楠、田园园等对本书的编写提供了技术支持。在此对他们表示衷心的感谢。

在编写过程中，参考或引用了有关的设计文件、情报研究报告和可靠性方面的著作，在此一并向相关作者表示感谢。

本书可供从事航天火工装置的技术研究人员和使用人员参考。

由于作者水平所限，书中不当之处，敬请批评指正。

编者

2012 年 12 月

目　　录

第 1 章 绪 论

火工技术的雏形来源于黑火药的发明和应用。最早的黑火药配方见于公元 808 年[1]，黑火药是中国古代重大的发明和创新，是人类文明史上的大事。黑火药用于军事活动标志着冷兵器时代的结束、火器时代的开始。而事实上首次使用黑火药武器是在晚唐时期（公元 9 世纪末），黑火药武器的发展始于宋代，形成了多种类型的热兵器，它们都使用同一种器件——信线（桑麻纸包裹的黑火药）点火，这就是最原始的火工信线或称引信，基本具备了近代导火索的形态和要素。

18 世纪末，加瓦特研制出了雷汞，雷汞是真正意义上火工品的开端[2]。1817 年英国人最先制造出了装有击发药的铜盂火帽[3]。几乎同时期，法国人徐洛发现了用电流可使火药发火，制成了电火工品，电火工品的出现大大提高了武器射击速度和引信的瞬发度，促进了武器系统和爆破技术的更新和发展[2]。1831 年，英国人 W·毕克福发明了导火索，这是近代信线的进一步发展[2]。1865 年，A·B·诺贝尔发明了雷汞雷管，并成功地起爆了硝化甘油与硅藻土混合的安全炸药，开创了用起爆药起爆猛炸药的新纪元，可以认为是装有击发药的火帽和雷汞雷管的成功应用，标志着现代火工品的诞生[3]。

第一次世界大战前后，起爆药的出现以及用叠氮化铅起爆药装填雷管，提高了火工品工作的可靠性，满足了武器弹药发展的需求[3]。第二次世界大战期间，火箭弹、反坦克破甲弹、原子弹等新型弹药的出现，进一步促进了火工技术的发展。第二次世界大战后，随着导弹及航天技术的发展，火工技术因其具有许多独特的优点（如具有高能量密度、高可靠性、尺寸小和瞬时释放能量大等）而在航天飞行器中得到了广泛的应用，航天火工技术逐渐作为火工技术的一个重要分支并带有鲜明的航天应用特点，从而获得了长足发展，成功研制出门类众多、功能各异的航天火工装置，如点火器、起爆器、分离装置、延期装置、固体小火箭、弹射装置、气体发生器、导爆索和非电传爆系统等。

1.1 基本概念

1.1.1 定义和内涵

一般而言，火工装置（pyrotechnic devices）是指装有火药或炸药，受外界能量刺激后产生燃烧或爆炸，用以引燃火药、引爆炸药、作机械功或产生特种效应的一次性使用装置的总称，主要由发火元件、装药和功能结构组成。它是一类除核能以外的最有效的储能元件，具有体积小、比能量大、使用简单、作用速度快、功能可靠和性能可设计等优点。火工装置作为专业术语是从美国水星号飞船项目开始使用的，也称为爆炸装置（explosive devices），近年来国际上也称作能量元件与系统（Energetic Components and System，ECS）。

GJB 102A—98《弹药系统术语》中将火工品（initiating explosive devices）定义为：可用预定刺激量激发其中装药，并以装药爆炸或燃烧产生的效应完成点燃、起爆功能及作为某种特定动力能源等的器件及装置。

航天火工装置在航天飞行器中不仅应用广泛而且作用十分关键。随着航天工程技术的发展，火工装置能够完成的功能越来越多，诸如点火与起爆、连接与释放、切割与破碎、延时、阀门打开与关闭、驱动作功和燃气推进等；品种、规格和数量也越来越庞大，例如，我国长征三号乙火箭使用了近 300 件；美国阿波罗号飞船上使用了 314 件[4]，航天飞机上使用了 400 多件。

1.1.2　分类

目前航天火工装置功能多、品种繁，按功能及其在航天行业中的应用特点，可以分为以下几类。

1）起爆器：该类火工装置按照激发能量形式又可分为电点火器、电起爆器、半导体桥点火器、机械起爆器、隔板起爆器、延期点火器等。

2）传爆装置：该类火工装置主要包括限制性导爆索组件、延期索、塑料导爆管组件等。

3）分离装置：主要分为点式分离装置和线性分离装置。其中点式分离装置主要有爆炸螺栓、钢球锁、分离螺母、连接销式分离装置和拔销器等，爆炸螺栓按照其结构形式分为剪切销式爆炸螺栓和削弱槽式爆炸螺栓，按其爆炸污染程度又可分为污染类和无污染类，按其点火特点又可分为单点火类和双向点火类，按其点火药的敏感程度又可分为钝感类和非钝感类。线性分离装置主要有导爆索分离装置、切割索分离装置、膨胀管-凹槽板分离装置、膨胀管-凹口螺栓分离装置、气囊分离装置、机械锁连接装置和包带解锁装置等。

4）动力作动装置：主要有火工作动筒、固体小火箭、气体发生器、分离抛撒装置等。火工作动筒又分为行程式作动器、切刀式作动器；固体小火箭分为分离火箭和慢旋火箭。

5）保险安控装置：主要有保险装置、电爆阀、爆炸器等。

航天火工装置具体分类如图 1-1 所示。

1.1.3　特点

航天火工装置必须安全、可靠。火工装置作为一次性使用器件，使用前功能不可检测，在使用中任何故障或失效都可能导致飞行任务失败，产生灾难性后果。随着航天技术的不断发展，对火工装置的可靠性和安全性不断提出更高的要求。火工装置的安全性包括使用环境安全性和固有安全性。使用环境安全性是指电磁环境下的安全性、热环境下的安全性、力学环境下的安全性和操作使用安全性等；火工装置固有安全性是指药剂安全性和结构设计安全性。火工装置的可靠性和安全性可通过整体结构设计来实现和保证。1）火工装置的结构设计应具有一定的作用裕度，且能被精确地制造；2）设计时选用钝感的和

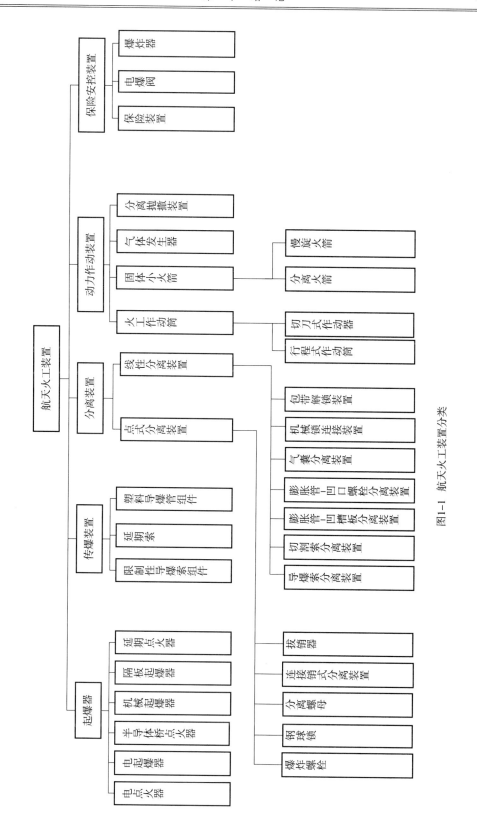

图1-1 航天火工装置分类

相容性好的药剂。

虽然火工装置在航天飞行任务中能够实现各种复杂的功能,具有不可替代的作用,但也存在工作时会产生较高量级的爆炸冲击环境、爆炸产生气体污染和飞出碎片等问题,甚至会出现误爆和失效。由于火工装置是一类内装含能材料(炸药、烟火药和推进剂)的危险品,且作为一次性使用器件,功能不可检测,与一般机械结构类产品或电子类产品相比具有特殊性。因此,随着航天技术的不断发展,世界主要航天大国都对航天火工装置的设计、制造、试验和使用制定了严格的规范和标准,并随着技术的发展不断修订和完善。

1.1.4　用途

航天飞行器一般由控制、结构、动力、分离、测量及安全自毁等分系统组成,航天火工装置广泛应用于这些分系统中,主要用于运载火箭、导弹及卫星等航天飞行器部段的连接、解锁、分离,发动机启动,推进剂管理,安全自毁,有效载荷抛撒等功能动作中。

1.2　航天火工装置发展历程与现状

1.2.1　国外发展及现状

从火工装置的问世至 20 世纪 60 年代,历经两次世界大战,武器不断发展,导弹、航天飞行器不断推陈出新,航天火工装置得到了迅速发展。

航天火工装置从最早的结构简单、功能单一的点火器、爆炸螺栓等开始,逐步向起爆、传爆、分离、作动等多功能组合的系统方向发展。

电起爆器是航天火工装置启动的主要起爆元件[5],如爆炸螺栓中的电发火管、聚能炸药索的引爆装置、固体小火箭的点火器以及非电传爆系统中的起爆器等都属于此种。早期使用的电起爆器着重于提高发火性能,大多设计成高敏感、作用时间短的电起爆器。随着无线电技术、导弹武器和航天事业的高速发展,电起爆器在高功率射频场和高能量静电环境中的使用,受射频电磁辐射的危害日益严重。由于它是电起爆,不可避免地存在因杂散电刺激而意外发火的可能性。虽然在很多情况下,这种杂散电刺激可能没有达到电起爆器的发火能量水平,但由于它的长时间作用同样可使电起爆器的性能恶化,这对导弹武器系统所造成的危害将是毁灭性的。因此人们愈来愈关心电起爆器在制造和使用中的安全性和可靠性。特别是因静电和射频而导致电爆装置早爆、误爆的事故多次发生之后,更加引起许多国家的重视。美国 20 世纪 50 年代就开始比较系统地研究静电和射频的危害。

射频是由通信装置、雷达、无线电发射机等发出的射频能量而产生的;静电则是由摩擦而起的静电,特别是人体静电往往是引起电爆装置意外爆炸的重要原因之一,因此国际上对电爆装置抗静电的一般要求都是以抗人体静电为主要目标。多年来国际上在抗静电方面作了许多关于静电产生和积聚规律的研究、电爆装置静电感度的测定及静电的防护研究等,研制出各类具有抗静电能力的电起爆器。自 50 年代始至 60 年代更加广泛地进行防射频的研究工作，研制钝感型电起爆器和无起爆药起爆器，如爆炸桥丝起爆器和激光起爆器。为了防止射频和静电的危害，美国首先提出了 1 A1 W5 min 不发火的钝感起爆器规格和试验要求，1965 年正式列入军标 MIL—STD—23659 中，到 1972 年再度修改为 MIL—STD—23659C，即《电起爆器通用设计规范》。此规范基本解决了钝感电起爆装置问题，是美国长期研究防止电磁辐射危害的主要成果，是提高航天飞行器安全性的有效措施，至今仍是美国及许多国家普遍采用的标准。

为了防止射频对电起爆器的危害，美国又进一步研制无起爆药起爆器。首先是研究基本理论与现象，然后将其应用于火工装置领域。主要途径是改进引爆方式，提高引爆能量。其中一种是爆炸桥丝起爆器，这种起爆器中桥丝材料为容易气化的金属（如 Au，Ag 等），当强大的电流脉冲作用于桥丝时，桥丝熔化、气化，形成高温高压等离子体和冲击波来引爆炸药，由于这类起爆器的爆炸桥丝需要较大能量才能引爆，所以这类起爆器的抗静电、抗射频能力强。另一种是激光起爆器，激光具有能量高度集中的特点，当激光照射到炸药上时，除了一部分被反射外，其余部分均被表面及一定深度内的炸药所吸收，形成温度高达一千多摄氏度的热点，从而能直接引爆炸药。由于激光起爆器中没有起爆药和导线，所以具有更好的安全性。国外激光器技术已趋于成熟，并且形成了序列化的激光火工装置，一些先进的弹药系统中已经采用了激光点火技术。桑塔巴桑特（Santa Barsara）研究中心为小型洲际导弹（SICBM）研制了激光点火装置（LFU）。在美国国家航空航天局（NASA）的资助下喷气发动机战略推进（Aerojet Strategic Propulsion）公司为航天飞机 48 in（1 in＝2.54 cm）先进固体火箭发动机（ASRM）配置了激光点火系统。迈克尔·威廉斯（Michael Williams）发明了应用于宇宙神（Atlas）和德尔它（Delta）洲际导弹的激光自毁装置。麦克唐纳·道格拉斯（Mc Donnell Douglas）导弹系统公司完成了先进的空-空导弹（AAAM）固体火箭发动机及其他系统的激光点火装置的工程化试验，并且在飞机中安装了相应的激光点火子系统。

国际上，特别是美国，在起爆器的安全性与可靠性方面进行了多年、大量的研究，研制了各种类型的起爆器，并已实现标准化生产，广泛应用于导弹武器系统中。

非电传爆系统的出现使得火工装置的安全性和可靠性得到了极大的提高，它将火箭、导弹、空间飞行器上用的多个独立的火工装置通过某些中间装置或部件组成一个系统，该系统只需用一个电火工品引爆。所以，首发电火工品元件的安全性在一定程度上代表了这种系统的安全性。从 20 世纪 60 年代开始，美国率先研究非电传爆系统，这种系统已在土星 V 运载火箭、阿波罗号飞船、海神号潜地导弹等多个型号上得到应用[6]，其安全性与可靠性都达到了理想状态。后来其他国家也研制了非电传爆系统，并在导弹与火箭上广泛应用。

航天飞行器分离部件的结构设计，如级间分离、星箭分离、有效载荷整流罩的纵向和横向分离等，是整个飞行器的一个重要设计环节，直接关系到飞行任务的成败，或影响入轨和弹着点的精度[7]。在 1957 年以前，航天用的分离装置几乎都是借助机械装置或火工-机械装置的释放来实现的。这些装置可以是爆炸螺栓、爆炸或释放螺母、各种球锁系统，以及其他类似的结构，统称为点式分离装置[7]。早期的点式分离装置结构简单，连接可靠，但由于一般使用能量较高的猛炸药，断裂时产生的局部冲击和噪声较大，会产生相当大的分离干扰。另外，断裂时火药气体可能泄出，会产生污染，同时还可能生成碎片和电离气体。此类点式分离装置以爆炸螺栓和爆炸螺母为代表，应用范围受限。后期的点式分离装置基本沿着两个方向发展。

1）基于现有产品的改进。如：为了解决污染问题，出现了无污染爆炸螺栓；为解决工作可靠性问题，出现了双元爆炸螺栓。

2）基于新的工作原理而研制的新的分离装置。如：基于"强连接、弱解锁"设计思想的分离螺母，它们是通过内部机构运动释放承载元件从而实现解锁功能，这与爆炸螺栓通过破坏承载元件来实现其解锁功能的工作原理明显不同，从而极大地降低了分离装置的冲击载荷，同时也解决了污染问题。

随着连接销式分离装置、分离螺母等低冲击分离装置的出现，显著改善了连接力、冲击与污染物处理方面的问题，但其结构进一步复杂，装配难度较大。

为了提高分离可靠性和改善结构连接形式，20 世纪 50 年代后期，人们开始将注意力转向另一种连接解锁装置，即线性分离装置。这种装置在某些使用场合具有十分明显的优点，如：工作可靠性高、同步性好、承载力强等。这种分离装置由一根长的导爆索组成，导爆索沿分离面安装在航天飞行器上专门设计的连接件上，通过切割或膨胀作功的方法实现分离[7]。线性分离装置最初是在小直径金属管内装猛炸药（黑索金、泰安等）组成柔性炸药索，曾应用于阿金纳火箭和双子星座号飞船的级间分离上。50 年代后期研制了一种由 C-4 塑性炸药制成的 W 型聚能炸药索[4]，但性能并不理想。60 年代研制出充填黑索金的铅管聚能炸药索。聚能炸药索结构简单，并具有良好的传爆、切割和密封性能，得到了较多的应用。宇宙神-半人马座火箭上的头部整流罩分离、绝热壁板分离和级间分离均使用了切割索装置[8]。早期的线性分离装置一般是导爆索分离装置和切割索分离装置，这两种分离装置虽具有线性分离装置的共同优点，但却有冲击高、系统工作时有污染和碎片等缺点，不适合应用于某些场合，如整流罩的分离、飞行员的逃逸等。为适应航天技术的发展需求，在 20 世纪 60 年代早期，美国洛克希德公司首先提出了膨胀管分离装置的概念，并进行了初步的应用研究。美国麦道公司也于 1969 年申请了称之为"超级拉链（super zip）"即膨胀管分离装置的专利。这一概念一经提出，就立刻受到了航天界的重视和关注，并在多个型号上获得应用，如美国载人飞船轨道实验站防护罩分离装置、三叉戟导弹第三级发动机分离装置、航天飞机救生舱分离装置及日本 H-2 运载火箭卫星整流罩分离装置等。膨胀管分离装置作用时，不是将导爆索的爆炸能量直接作用于分离连接件，而是转化为气体膨胀作功的形式达到解锁分离的目的。整个作用系统受力均匀，冲击载荷低，且爆炸产物始终密封于金属管内，具有线性分离装置的优点，又达到了低冲击、无污染的目的。

1964 年美国道格拉斯公司推出一种新型无污染分离装置，即气囊分离装置，该装置可用于整流罩纵向分离。它将解锁机构与推离机构合二为一，解锁与推离两种功能由同一装置完成,实现整流罩的平推分离。它不占有效空间,不产生烟雾和碎片,无污染并且可靠性很高。该种分离装置研制成功后,相继在多种航天飞行器中得到应用,如美国的大力神火箭、德尔它火箭以及土星 1B 火箭的天空实验室整流罩均采用气囊分离装置,后来,欧洲阿里安系列火箭和日本的 N 系列火箭也相继使用该分离装置[9]。

1.2.2 国内发展及现状

国内航天火工装置的研制从 20 世纪 50 年代仿制国外导弹开始,其发展经历了引进、仿制和独立研制三个阶段。由于早期的导弹多为单级,使用的火工装置较少,也相对较简单,一般都采用较为简单的爆炸螺栓。随着航天飞行器的不断发展,如为了满足不同轨道、不同质量航天飞行器的发射,研制了多级及捆绑火箭,使用的火工装置在品种规模及数量上均有了较大的增加,从而对火工装置的可靠性提出了更高的要求。由于航天产品使用的火工装置均存在单点失效问题,而在单发产品上使用过多的火工装置必然会造成产品可靠性的降低。为解决火工装置工作单点失效问题,后续火工装置研制中采取了双点火器的点火冗余、传爆导爆索点火等措施来提高点火可靠性。

目前航天火工装置采用的点火均为电脉冲激发点火。在早期的火工装置设计中电点火采用的是非钝感,即采用较小的电激发能量即可引爆火工装置,其对抗外界电磁脉冲的干扰能力较弱。而航天火工装置安装的环境本身就处在一个较复杂的电磁环境中。为解决此类外界电磁干扰对火工装置的影响,借鉴国外航天火工装置研制的经验,将火工装置点火器均按照国际上普遍采用的钝感点火器设计,其在 1 A1 W 的能量下 5 min 不发火、不失效,并且能防静电,通过该项措施,解决了航天火工装置使用的电磁环境安全性问题。

在解决了火工装置使用安全性问题的同时,又带来了新的问题。由于采用了钝感火工装置,其发火电流由原来的 1～3 A 提高到了 5～10 A,因此航天飞行器必须使用能量更大的电池及起爆电路降额设计,而采用大容量电池又产生了运载能力的损失和安装空间的问题,而对于直径较小的航天飞行器,安装空间受到较大限制,此问题更为突出。针对这一问题,在火工装置研制中,采用较少电起爆器起爆导爆索,导爆索传递爆轰波使多个终端火工装置工作的系统(简称非电传爆系统),该系统满足了多个火工装置同时起爆对供电需求大的要求。在 20 世纪后期,为解决电磁干扰,又提出了激光脉冲点火装置,该点火方式有效地提高了火工装置抗电磁及核脉冲能力。

航天火工分离装置的结构形式早期均为爆炸螺栓结构形式,承载能力一般在 10 t 左右,而且火工分离装置解锁后对火药燃烧产生的污染并无特殊要求。随着航天飞行器研制规模的增大,早期较低承载能力的爆炸螺栓已不能满足航天飞行器研制的需求,因此研制了承载能力较大的爆炸螺栓(承载能力提高了一倍,达到了 20 t 级)。随着大型运载火箭捆绑装置研制的需求,研制了承载能力达到 90～100 t 级的爆炸螺栓,主要用于大型捆绑助推器的连接解锁,同时针对运载火箭采用的牵制释放装置,又研制了 300 t 级的爆炸螺母,这也是目前国内外航天飞行器研制中承载能力最大的火工装置。

由于早期研制的火工装置均未考虑燃烧产物对外界的污染问题,随着运载火箭发射任务的需求，研制了无污染火工装置（无污染爆炸螺栓、分离螺母、膨胀管-凹口螺栓分离装置等），主要用于火工装置燃烧产物可能与有效载荷接触的部位（如整流罩横、纵向解锁、星箭分离面等位置）。为了提高星箭分离可靠性，针对星箭包带连接解锁装置研制了双向解锁爆炸螺栓（双元爆炸螺栓）。

我国航天火工装置经过 50 余年的发展，由早期的单品种小型爆炸螺栓，发展到目前多品种规格、系列化产品，并被广泛应用于火箭、导弹、卫星、飞船上，如实现连接解锁的爆炸螺栓、切割器、锁钩装置，用于火箭相关部段分离、推进剂管理的不同燃烧时间及不同工作推力的分离火箭、其他系统工作的辅助能源等。

1.3　发展趋势分析及展望

航天事业的发展需要许多尖端科学技术，火工装置技术仅是其中的一部分，但它却扮演着极其重要的角色。火工装置技术发展促进了航天技术的发展，反之，航天事业的迅猛发展也推动了火工装置技术的进步。世界各国都十分重视火工装置技术在航天系统中的应用，不断投入人力和财力，研究小型化、高安全性和高可靠性的火工装置，增强在航天技术领域的竞争力。

目前，国外火工技术发展的方向是安全点火系统技术、精确作功系统技术、高效起爆系统技术、智能起爆技术、微型火工品技术、新型烟火药剂技术。安全点火系统技术包括激光点火技术、爆炸箔冲击片点火技术等。

国外航天火工装置产品已经系列化，并形成了一定规模的产品标准，以美国马丁公司的整流罩分离装置和瑞典萨伯公司包带使用的爆炸螺栓和切割器为典型产品。目前欧美国家运载火箭整流罩分离系统大多使用马丁公司的分离导爆索，星箭分离系统使用的火工装置大多是瑞典萨伯公司的产品。

当前我国航天火工装置的设计仍是为了满足航天飞行器某个具体的需求而小改小动，造成多家重复设计、生产的局面。可以通用的航天火工装置而未得到通用，品种繁多，航天火工装置及其发火元器件多达 200 多种，造成很多不必要的重复劳动，且投资大、研制周期长、产品成本高，安全性与可靠性难以提高。随着航天产品的发展和火工装置的大量使用，对航天火工装置的可靠性及安全性要求更显突出；对于武器系统中的火工装置，还要满足长期贮存的要求。因此，从长远角度来考虑，航天火工装置的发展方向主要有以下几点。

1）要求发火元件发火能量高、安全性和可靠性高、小型化、低成本。如无起爆药、激光点火器、二极管激光点火器、爆炸桥丝式电点火器等。

2）为保证航天火工装置性能高、成本低、研制周期短，应推动航天火工装置的三化（通用化、系列化、组合化）工作，优先选用符合"三化"标准的火工装置。目前航天火工装置种类过于繁多，有些火工装置已不适应目前航天发展的需要，后续航天火工装置工作的重点是将产品归类，形成规范的相对集中的系列化产品，以提高可靠性和安全性。

3）为确保航天火工装置安全、降低供电规模、提高可靠性，应尽可能地少用电爆元件，以非电传爆系统代替电火工品系统，以线式分离代替点式分离。

4）研制无污染、高安全、高可靠、低冲击新型结构火工装置。

5）制定与国际标准相一致的专项标准，使航天火工装置的设计、生产、试验、验收纳入规范化轨道，并与国际接轨。

6）航天火工装置是一次性使用的部件，对其内部质量应进行无损检测，研制便携式的小型无损检测设备也是发展航天火工装置的必要条件。

7）应大力发展火工装置机构运动学和动力学仿真工作。航天火工装置的研制一直沿用"设计—试验—修改"的程序，研制周期长，成本高。为了对火工装置的性能进行准确预测，提高设计水平，应加强计算机仿真技术在设计中的应用。a）应用计算机仿真技术，可增加设计的预见性，减少设计的盲目性，有助于了解制造变化对性能的影响。b）通过建立仿真模型描述装置的作用机理和运动过程，有助于分析各参数对分离性能的影响。c）采用二维或三维有限元分析等技术手段可以模拟出火工装置对系统结构的应力响应和破坏情况。计算机仿真技术是降低成本、理解设计裕度和提高安全性、可靠性的一个关键工具。

第 2 章　起爆器

2.1　概述

在航天领域，起爆器是指由机械、电、冲击波和激光刺激装置中装药而产生燃烧或爆轰，用于点燃或起爆后续装药的完整爆炸装置。常用的起爆器有电起爆器、电点火器、机械起爆器、隔板起爆器、半导体桥点火器和延期点火器等，除隔板起爆器和延期点火器外，其他起爆器一般是爆炸序列中的第一个独立的火工品。

早期的起爆器均为低能敏感型，用较少的刺激能量就能激发，随着技术的发展和安全性要求的提高，目前普遍应用的是中能钝感型起爆器，今后将继续向高能钝感方向发展。

低能敏感型电起爆器发火能量很低，在 200 mA 左右的电流作用下就能够被激发，受到电路中较大杂散电流刺激就可能起爆，因此在较强的电磁环境下使用安全性差，在导弹武器系统、运载火箭和载人航天工程中正逐步取消这类电起爆器。

目前航天飞行器上广泛应用的是满足 1 A1 W5 min 不发火要求的钝感电起爆器，即给电起爆器桥路供 1 A 的电流、功率为 1 W，在 5 min 内电起爆器不应被激发。这类电起爆器和低能敏感电起爆器相比，不发火电流提高了 5～20 倍，不发火功率提高了 16～100 倍，抗静电指标是 500 pF，25 000 V，5 000 Ω 不发火。"1 A1 W5 min 不发火"的要求是考虑到大多数电磁辐射对电爆装置的危害，虽然不能完全解决电磁辐射问题，但确实可以降低杂散电源（包括电磁辐射）的危害。美国国家航空航天局标准点火器（NSI）也属于这类电起爆器，几乎用于所有航天飞行器。

一般所说的静电和射频对电起爆装置的危害，按危害程度表现为：1）性能下降（发火作用时间延长）；2）失效（瞎火）；3）误爆。

从安全性考虑，对于电起爆器的应用原则是"少用、钝感"，即尽可能减少电起爆器的使用数量，并采用钝感型电起爆器。

本章对航天飞行器中常用的起爆器，如电点火器、电起爆器、半导体桥电点火器、机械起爆器、隔板起爆器和延期点火器等进行了介绍，激光起爆器的介绍见第 10 章。

2.2　电点火器

电点火器是指由电能变成热能，由热能变成化学反应能，再由化学反应能变成燃烧能的换能器。主要用于各种发动机点火、伺服能源点火以及利用点火器燃烧产生的高压燃气作功的功能装置中。

电点火器目前主要有桥丝式敏感型和桥带式钝感型两类。桥丝式敏感型电点火器的电热元件为丝状金属电桥，桥带式钝感型电点火器的电热元件为带状金属电桥。电点火器根据电桥数量又可分为单桥型和双桥型。

2.2.1　组成及工作原理

电点火器一般由壳体、极针、电桥（桥带、桥丝）、装药、密封膜片等几部分组成，结构如图 2-1 所示。

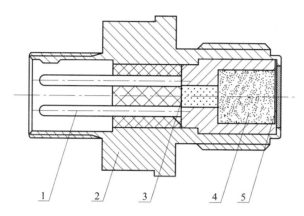

图 2-1　电点火器结构图

1—极针；2—壳体；3—桥带；4—装药（烟火药）；5—密封膜片

通过极针给电点火器通入一定的电流，电流流经桥带，由于桥带电阻值比电路其他部分高，电能主要在桥带上转化为热能。桥带阻值集中在桥带中间，因此，桥带中间部位温度升高快，激发与其接触的点火药或起爆药，然后由点火药或起爆药点燃主装药（烟火药），产生高温高压燃气，冲破输出端金属密封膜片，点燃下级火工装药。若为双桥带电点火器，桥带发火环节为冗余设计，只要任一桥路通过额定的电流值，产品均能可靠发火，提高了发火可靠性。

2.2.2　性能参数

电点火器的主要性能参数如下。

1）桥路电阻。敏感型电点火器的桥路电阻值范围比较宽，从零点几欧姆到几十欧姆；为满足在桥路通以最小 1 A 电流，相应功率最小 1 W，5 min 内不应发火的要求，钝感电点火器的桥路电阻值一般在 1 Ω 左右。

2）发火时间。指桥路通电到点火器燃气输出的时间，钝感型电点火器在 50 ms 以内，敏感型电点火器会更短些。

3）输出能量。指工作时输出的燃气含有的有效能量，表示能量的参数有燃气压力、温度等，一般用燃气在一定容积（如 20 mL）内的压力和温度来衡量。

4）介质耐压。是指在桥路和壳体之间的介质承受电压的能力。对于钝感型电点火器，在极针和壳体之间持续施加 500 V 直流电压 1 min，介质不应被击穿，且漏电电流不大于

0.1 mA。

5）绝缘电阻。表征桥路与壳体之间的电绝缘程度，在常态条件下绝缘电阻阻值不小于 20 MΩ，相对湿度大于 95％时，绝缘阻值不小于 5 MΩ。

其他的性能指标还有静电感度、抗杂散电流、最小全发火能量和最大不发火能量等。

2.2.3 装置设计

（1）结构设计

结构设计主要考虑结构强度与接口匹配性、密封性、抗电磁环境结构的设计等。

壳体在点火器工作时，承受很大的冲击载荷，壳体材料一般选择强度较高的钢材。结构设计时，应保证发火后电点火器结构的完整性，还要保证工作后除密封膜片外，其他结构不被破坏，并能承受下级火工装置工作的反向压力作用。为了提高反向承压能力，极针处的密封隔离件一般采用整体插塞式结构，并使其承受反向压力的面积尽可能小。在安装时，壳体承受扭矩，设计时应保证壳体最薄处的壁厚满足承受扭矩的要求。壳体最薄处应该在螺纹退刀槽部位。

为了提高电点火器的环境适应性，采用密封结构设计，装药后端采用金属膜片卷边收口密封，在卷边端面及所有密封间隙涂虫胶漆或环氧树脂胶及三防保护剂，以防止产品受潮。目前，壳体激光焊接技术已应用于新型的电点火器密封，这种密封措施效果更好，是电火工品密封设计的发展趋势。

（2）电桥设计

电桥设计是电点火器设计的关键，主要考虑发火电性能、防静电性能和散热性能等。桥带式钝感电点火器为实现防静电设计，利用金属导体尖端放电原理，将桥带外形做成锯齿状。此外，在药剂状态确定的条件下，发火电流的大小与紧贴桥带的散热材料、桥带发火区域结构有关，一般电点火器桥带发火区域结构如图 2-2 所示。

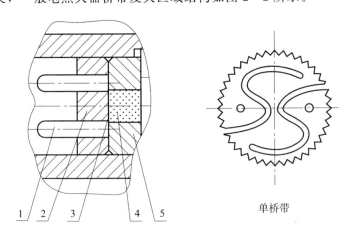

单桥带

图 2-2 桥带发火部位结构

1—极针；2—散热套；3—桥带；4—药剂；5—装药套

发火性能从 5 个方面进行设计。

1）依据传给发火药剂的热功率密度，选择不同的散热套和装药套。陶瓷装药套散热能力较强，酚醛塑料装药套散热能力相对较差，可根据不同要求选择不同的装药套；

2）药剂的感度；

3）考虑桥带的形状、大小，在一定范围内，桥区越窄发火时间越短、发火电流越小；

4）药剂颗粒度和密度影响；

5）抗静电、抗射频结构设计。

（3）装药设计

在装药设计上，主要考虑药剂种类、装药密度、药剂粒度、装药压力、药剂量等方面内容。

选择药剂主要是考虑药剂热敏感度、安定性、药剂与接触材料的相容性、爆热等，以满足性能指标、提高安全性、发火可靠性和药剂相容性等方面的要求。点火器中与桥带接触的起爆药选用对温度和火焰感度较高的药剂，如斯蒂酚酸铅；主装药选用烟火药，为更好地满足性能指标，可通过改变组分配比来调整药剂的燃烧性能。在装药设计上，除输出端主装药可为松装状态外，其余各处装药均处于压实状态，具有一定的压药密度，以保证药剂的力学环境适应性。在装药量设计上，一般情况下，首先根据输出能量理论计算出一个设计值，再据此进行试验，得出压力-时间曲线，进而修正设计值。

2.2.4　使用要求

（1）选用要求

根据火工装置对点火器各项性能的需求选择电点火器，主要依据发火输出能量、发火时间和发火电流等。如果点火后电点火器需要持久承受高温高压（如用于固体发动机点火），则应与隔板起爆器组合使用，隔板起爆器的介绍见 2.6 节。

（2）操作要求

测量电点火器电性能时，要有安全防爆措施，用防爆箱把电点火器与测试设备、操作人员隔开，防爆箱开口方向严禁站人。在总装过程中，应先安装仪器设备，然后安装火工品；火工品应先装非电火工品，在最后阶段安装电点火器。电点火器的安装应避免敲击和撞击，安装后应及时插上短路插头，使电点火器在与控制插头连接前一直处于短路保护状态。

2.2.5　应用实例

图 2-3 为在国内多个航天飞行器上应用的双桥带电点火器，主要性能参数如下。

桥路电阻：$0.9 \sim 1.2\ \Omega$；

发火电流：5 A；

发火时间：小于 30 ms；

输出能量：容积 27 mL 下压力 5.5～12.5 MPa。

图 2-3　双桥带电点火器

2.3　电起爆器

电起爆器的组成、工作原理与电点火器类似，不同的是电起爆器内主装药为猛炸药，猛炸药爆炸产生的爆轰波引爆后续火工装置工作，完成预定的功能。桥带式电起爆器结构如图 2-4 所示。

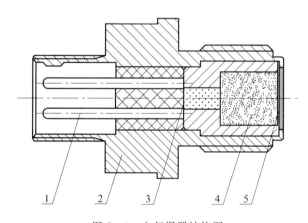

图 2-4　电起爆器结构图

1—极针；2—壳体；3—桥带；4—装药（猛炸药）；5—密封膜片

2.3.1　性能参数

电起爆器的性能除输出能量外，其他性能参数与电点火器相同或相似。

输出能量：表征电起爆器工作爆炸的威力，一般用电起爆器起爆后在标准的铝块或钢块上炸出凹坑的大小和深度来度量。

2.3.2 装置设计

结构设计、电桥设计和装药设计与电点火器类似，在装药设计上，各层装药都需要密实，并具有一定的压药密度，以保证药剂的爆轰性能及力学环境适应性。

2.3.3 使用要求

电起爆器的使用要求与电点火器基本相同，主要用于引爆传爆装置、分离导爆索、爆炸器以及电爆阀等火工装置。

2.3.4 应用实例

图 2-5 为航天飞行器上广泛应用的单桥带电起爆器，主要性能参数如下。
发火电流：5 A；
发火时间：小于 30 ms；
输出能量：铝板炸孔深 3 mm。

图 2-5 单桥带电起爆器

2.4 半导体桥点火器

2.4.1 组成及工作原理

在工程应用中，根据输出装药的类型区分为半导体桥点火器和半导体桥起爆器，由于两者组成和工作原理类似，本节只介绍半导体桥点火器。

半导体桥点火器也是电能激发的点火器，除点火电桥外，其结构组成和桥带式钝感电点火器相同，主要由电极、半导体桥、壳体、电极塞、始发装药、输出装药、绝缘环和密封板等组成，其结构如图 2-6 所示。

半导体桥指利用微电子制造技术，以硅基片或蓝宝石基片上重掺杂形成的多晶硅电桥，见图 2-7。半导体桥点火器工作时，给电极通以电流，电极塞上的半导体桥材料因热迅速气化形成等离子体，等离子体迅速扩散到始发装药中，使其受热达到燃点而发火。这与金属桥带点火器通过桥带加热装药发火方式有所不同。半导体桥点火器具有更短的发火时间，多个点火器协同工作的同步性更好。与金属桥丝点火器相比，不存在大电流失效的问题[10,11]。

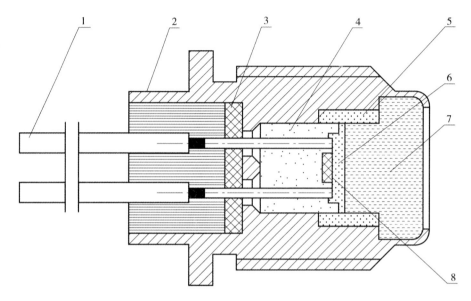

图 2-6　半导体桥点火器结构图

1—电极；2—壳体；3—密封板；4—电极塞；5—绝缘环；6—始发装药；7—输出装药；8—半导体桥

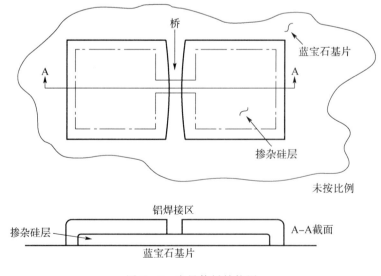

图 2-7　半导体桥结构图

2.4.2　性能参数

半导体桥点火器主要性能参数与桥带式点火器类似，包括如下内容。

1）桥路电阻：表征桥路电极之间的阻值，一般在 1 Ω 左右。

2）绝缘电阻：表征桥路与壳体之间的电绝缘程度，在常态条件下绝缘电阻阻值不小于 20 MΩ，相对湿度大于 95% 时，绝缘阻值不小于 5 MΩ。

3）发火电流：2~3 A 的恒定发火电流能可靠引爆半导体桥点火器，一般情况下采用 5 A 发火电流。

4）发火时间：指桥路通电到点火器火焰输出的时间，一般小于 1 ms。

5）安全性能：满足钝感电起爆器 1 A1 W5 min 不发火的要求。

6）输出能量：输出燃气压力，一般以一定容积（如 20 mL）内的压力表示。对于输出爆轰波的半导体桥起爆器，输出能量用标准的铝块或钢块上炸出凹坑的大小和深度表示。

其他性能参数还包括介质耐压、静电感度等，与电点火器类似。

2.4.3　装置设计

（1）方案确定

半导体桥点火器的性能指标包括：同步性、点火能量、输出能量等。应用时首先考虑功能需求，对同步性和瞬发性要求高或有集成要求的可优先使用；其次考虑供电形式和能力，金属桥点火器要求恒定电流点火，半导体桥点火器则是脉冲电压供电或恒定电流供电。

半导体桥点火器的输入确定后，根据传爆序列下级需求确定点火器的输出形式，用于点火输出装药的是烟火药，用于传爆输出装药的是猛炸药。

（2）结构设计

①材料选择

应优先选用现行标准的材料，所用材料之间应相容。外露的金属材料应耐腐蚀或是经过适当处理后能耐腐蚀的，没有经过抗电解腐蚀保护的异种金属不应互相接触。非金属材料不应使用易挥发和易发霉的材料。所用药剂应具有较好的安定性，少用或不用起爆药。

②螺纹及防松

螺纹连接应满足强度要求，且最小啮合数为 5 个完整的螺纹。带有螺纹的空心零件壁厚应设计成可经受不小于 4 倍的安装扭矩。

产品本身零件间需要考虑防松处理，产品与外部结构的防松连接采用保险等方式，使螺纹在振动和冲击环境下使用不松动。

③尺寸

尺寸符合接口协调及通用化要求。

④泄漏

在气体压力差为（101±10）kPa 下，最大泄漏率不应超过 10^{-5} cm³/s。

（3）电气性能要求

一般桥路电阻在 0.9～1.1 Ω，绝缘电阻不小于 20 MΩ。

2.4.4　使用要求

半导体桥点火器的使用要求与电点火器基本相同，用于各种火工装置的点火。

2.4.5　应用实例

半导体桥点火器具有高安全性、高可靠性、高同步性、低发火能量的特点，同时半导体桥能与数字逻辑电路组合集成使用。现已用于灵巧或智能武器、卫星、民用防撞气囊和爆破工程。

图 2-8 为某半导体桥点火器。主要性能参数如下。

桥路电阻：0.9～1.1 Ω；

发火电流：5 A；

发火时间：小于 1 ms；

输出能量：容积 10 mL 下压力 6～12 MPa。

图 2-8　半导体桥点火器

2.5　机械起爆器

机械起爆器是指由机械能激发装药的起爆器，属于非电起爆器的一种。其优点是在没有电能驱动的前提下，能够完成火工装置的起爆。

2.5.1　组成及工作原理

常用的机械起爆器是由打火销、保险销、弹簧、钢珠、击针体、针刺火帽等组成，其结构如图 2-9 所示。

机械起爆器的工作原理：产品工作前先解除保险（取下保险销），打火销在一定拉拔力作用下拔出一定距离后，钢珠向击针体内孔滚动，当钢珠进到击针体内时，击针体解除约束，在弹簧力作用下快速戳击针刺火帽，火帽工作并引爆后续传爆序列，其工作示意图见图 2-10。

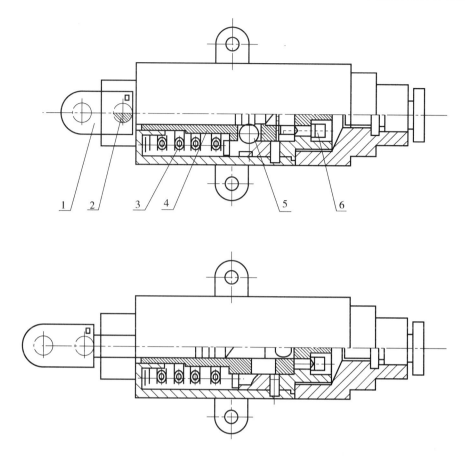

图 2-9　机械起爆器结构图

1—打火销；2—保险销；3—弹簧；4—击针体；5—钢珠；6—针刺火帽

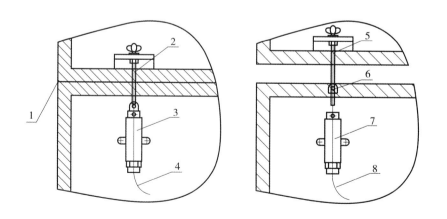

图 2-10　机械起爆器工作示意图

1—分离面；2—连杆；3—机械起爆器；4—导爆索；5—连杆；6—打火销；7—机械起爆器；8—导爆索

2.5.2　性能参数

机械起爆器的主要性能参数如下。

1）拔销力：拔出打火销所需的力，拔销力主要由弹簧的刚度决定。

2）机械接口：包含安装形式和拔销连接接口。

2.5.3　装置设计

（1）结构设计

弹簧可根据拔销力的大小进行设计。为适应飞行过程中的各种力学环境，可以增加弹簧刚度以提高机械起爆器的拔销力。但拔销力过大，会增加拔销的难度，因此设计时要综合考虑。

受安装结构的限制，当弹簧力无法增大的时候，考虑产品寿命周期内经历的各项环境，如随机振动、冲击等。可以在打火销与本体之间增加约束，以提高机械起爆器的抗力学环境能力。

（2）密封设计

为适应雨天等工作环境，在各配合零件之间增加密封圈，保证产品在工作前的密封性能。

2.5.4　使用要求

使用机械起爆器首先要具备触发的条件，一般将机械起爆器拉打火销通过连杆安装在固定体上，机械起爆器的本体安装在分离体上，连杆安装的直线度要满足机械起爆器拔销角度的要求。

在未完成机械起爆器相关的所有安装工作前，其上的保险销不允许提前取下。

2.5.5　应用实例

机械起爆器主要应用于没有电能驱动的条件下完成火工装置的起爆。图 2-11 为某航天飞行器上利用分离触发的机械起爆器，拔销力小于 300 N。

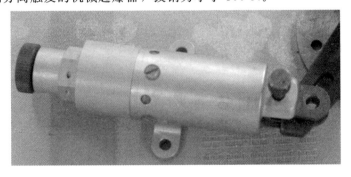

图 2-11　机械起爆器

2.6　隔板起爆器

隔板起爆器是以通过金属隔板传播的冲击波或传导的热量激发其内装药的起爆器。通常把输出高温燃气（火焰）的称为隔板点火器，把输出爆轰的称为隔板起爆器，本书把这两种统称为隔板起爆器。

2.6.1　组成及工作原理

隔板起爆器结构见图 2-12，它由四部分组成：施主装药、受主装药、输出药、隔板壳体。当施主装药起爆后，产生的冲击爆轰能量通过隔板壳体上的金属隔板传递到受主装药，激发受主装药，最终引爆（燃）输出药。隔板能承受较大的压力，爆炸作用后不被破坏，可使产品保持密封状态，防止输出端的燃气反向泄漏[12,13]。

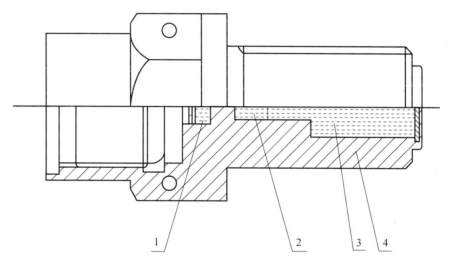

图 2-12　隔板起爆器结构图
1—施主装药；2—受主装药；3—输出药；4—隔板壳体

若输入端直接用电起爆器起爆施主装药，并且电起爆器与隔板起爆器组合成一体，则称为电隔板起爆器，典型结构见图 2-13。

2.6.2　性能参数

1）电性能：电隔板起爆器的电性能同电起爆器，包括桥路电阻、绝缘阻值以及发火电流等性能指标。

2）发火时间：一般指隔板起爆器受到激发到隔板起爆器输出压力或爆轰的时间，通常小于 1 ms。

3）密封性能：指隔板起爆器工作后的反向耐压性能，一般能够承受 80 MPa/min 的水压（理论计算可承压 300 MPa/min）。

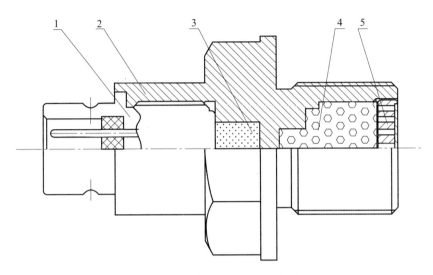

图 2-13　电隔板起爆器结构图

1—电起爆器；2—隔板本体；3—施主装药；4—受主装药；5—挡药板

4）输出性能：通过输出装药的种类选择可输出燃气压力或爆轰波。隔板点火器的输出压力一般采用定容（如 20 mL）测压的方式表征；隔板起爆器输出威力一般采用标准铝块或钢块上炸出凹坑的大小和深度来度量。

5）结构完整性：要求发火后产品结构完好（除输出端膜片或管壳）。

2.6.3　装置设计

隔板壳体材料推荐采用 1Cr11Ni2W2MoV 不锈钢，采用可靠性设计确定隔板厚度及施主装药量。通常采用升降法试验，在受主药量确定的情况下，改变施主装药量，求出 99.99％传爆概率下的施主装药量 W。施主装药量与传爆可靠性关系曲线如图 2-14 所示，用同样方法可确定受主装药量。

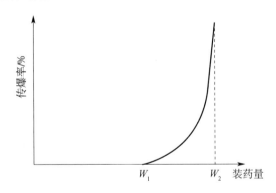

图 2-14　施主装药量与传爆可靠性关系曲线

验证所确定的施主装药量是否合适，可通过下面两种裕度试验进行验证。

1）固定隔板厚度，取两种施主装药量（$W \pm 25\%W$）做隔板强度及可靠激发受主装药试验；

2）固定施主装药，变化隔板厚度（$\delta\pm25\%\delta$ mm），做隔板强度试验及可靠激发受主装药试验。

根据传爆序列的设计原理，为了使冲击波通过金属隔板，可靠点燃受主装药，应使受主装药直径小于施主装药直径，因为通过隔板传递的冲击波波阵面是球面波，对受主装药起作用的是球面中心。理论分析认为，受主装药的直径越小越好，但不应小于它的临界直径，临界直径可由试验确定。

当施主装药、隔板厚度和受主装药确定后，可根据用途确定输出药量，输出药量确定后可完成隔板起爆器的结构设计，至此整个隔板起爆器设计完成。

2.6.4　使用要求

隔板起爆器使用时注意防潮，使用温度也应控制在隔板起爆器能承受的范围内；在隔板起爆器安装时输入端和输出端不能有多余物；单独使用隔板起爆器进行点火试验时，应注意点火元件与隔板起爆器之间的起爆距离。

2.6.5　应用范围及实例

隔板起爆器适用于起爆后产生较大的反压且要求不泄漏的装置，可设计为非电隔板起爆器和钝感电隔板起爆器两大类。非电隔板起爆器可由燃气火焰、导爆索、导爆管引爆，钝感电隔板起爆器可由钝感电发火管引爆。根据使用条件还可以设计为延期型和瞬发型两种。隔板起爆器可用于固体火箭发动机点火、卫星整流罩无污染分离装置引爆、飞船舱段间解锁机构及分离机构、航空救生火箭弹射座椅系统中，还可用于民用爆破领域。

图 2-15 为某隔板起爆器，在多种分离螺母中作为初始点火元件使用，其主要性能参数如下。

密封性能：发火后结构完好，80 MPa/min 不泄漏；

输出性能：容积 10 mL 下压力 9~13 MPa。

图 2-15　隔板起爆器

2.7　延期点火器

2.7.1　组成及工作原理

延期点火器由点火器壳体、施主装药、受主装药、延期药和主装药等组成，其结构组成见图 2-16。

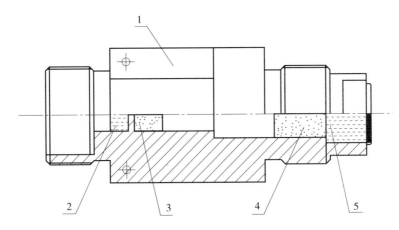

图 2-16　延期点火器结构图

1—点火器壳体；2—施主装药；3—受主装药；4—延期药；5—主装药

延期点火器的工作原理：施主装药接受来自导爆索或点火器等火工品的爆燃（爆轰）能量起爆并开始燃烧，能量通过隔板传递给受主装药，使受主装药（点火药）起爆，进而点燃延期药，延期药稳定燃烧一段时间后点燃主装药，输出能量，完成预定功能。

2.7.2　性能参数

延期点火器的主要性能参数如下。

1）点火方式：决定延期点火器的点火药类型。

2）延期时间：延期时间就是延期点火器的工作时间，根据不同的延期时间选用不同的延期药剂，延期时间从几十毫秒至几秒。

3）输出能量：可输出爆轰信号或火焰信号，根据输出能量的不同，可分为延期起爆器和延期点火器。

2.7.3　装置设计

（1）延期药的选择

延期点火器中最主要的组成部分是延期药，延期药主要由可燃剂、氧化剂和粘合剂组成。延期药的种类与延期时间紧密相关，延期药按时间可分为毫秒级延期药和秒级延期药，主要有黑火药、硅系延期药、硼系延期药、钨系延期药等。

延期药的延期时间和延期精度基本决定了延期点火器的延期时间和延期精度，延期精度受延期药配比、粒度、混合均匀度等许多因素的影响，每批药剂都进行工艺试验，调整装药参数，使延期药的延期精度等各项指标满足设计要求，然后确定该批产品的最终状态。短延期点火器的延期精度一般在 $\pm 20\%$ ～ $\pm 30\%$，中长延期点火器的延期精度达到 $\pm 15\%$ 左右。

（2）点火药与延期药的能量匹配设计

延期点火器的工作过程分为 3 个阶段，即点火阶段、延期阶段、输出阶段，对应每个阶段采用不同的药剂，即点火药、延期药和主装药。点火药点燃延期药的过程直接影响延期精度，因此，要让点火药和延期药进行较好的稳定燃烧，应对点火药产生的爆轰能量进行有效的衰减，使之达到一个合适的能量水平。爆轰能量的衰减通常通过控制点火距离或采用衰减装置来实现。衰减后的能量值，既能使延期药可靠点燃，又能使延期药燃烧过程中的不稳定燃烧过程缩短，从而保证延期最佳的精度值。

（3）结构设计

延期点火器结构与延期精度有着密切的关系，尤其是延期产品的密封结构以及密封性能对延期精度有着直接的影响。因此，一般采用隔板结构形式，既能起到密封作用又能起到减少爆轰波对延期药面的冲击，使点火能量稳定，同时使延期药燃烧时处于同一密闭状态，始终保持基本恒定的燃烧压力，保证延期药燃速稳定，从而提高延期精度。隔板按照能够承受的爆轰压力进行设计，设计方法同隔板起爆器。

2.7.4　使用要求

延期点火器的精度受温度影响较大，使用温度应控制在所能承受的范围内。延期点火器可用于有延时要求的各类火工装置。

2.7.5　应用实例

延期点火器广泛应用于导弹武器系统中，具有结构简单、抗干扰能力强等优点。某航天飞行器分离火箭使用的延期点火器见图 2-17，延期时间为 26 ms。

图 2-17　延期点火器

第 3 章　传爆装置

3.1　概述

第一代火工系统的主要问题是航天飞行器上采用的电火工品数量多，而且电火工品发火能量低，在电磁干扰环境下使用不安全，因此后续的火工系统设计理念是用钝感电火工品，并且数量尽可能少，采用一点起爆多路传爆可以大大减少电火工品的数量，因此，在20 世纪 80 年代，开始了传爆装置的研制。

传爆装置（Explosive Transfer Assembly，ETA），通过传爆索将一个起爆器产生的爆轰波传递到多个火工品，使这些火工品工作，完成预定的功能。通过传爆装置的使用，在同样的航天飞行器上，完成一个预定功能所需电火工品的数量由第一代的 10～20 个，减少至 1～2 个（冗余设计情况下为 2 个）。这样一方面大大简化了控制系统发火电路，减少了航天飞行器上的电源消耗和对火工装置电路的检查测试，减少了电磁辐射危害的几率，提高了航天飞行器的安全性；另一方面，由于传爆装置可以把一个起爆器产生的爆轰波传递到多个终端火工装置，传递速度很快，各终端火工装置接收到冲击波的时间差很小（这个时间差小于电热激发的起爆时间差），因此采用传爆装置可提高各终端火工装置的工作同步性。由于传爆装置的这些优点，目前在国内外已将传爆装置广泛应用于各种航天飞行器上，其有效性和可靠性得到了充分的证明。传爆装置也逐渐从最初的一套装置完成一个功能，向一套装置完成多个功能的方向发展，出现了多功能传爆装置。

传爆装置一般由输入端、传爆索和输出端组成。传爆装置与起爆器和终端火工装置（如爆炸螺栓、固体小火箭等）可共同构成一套完成一定功能的系统，由于这种系统的工作终端是由传爆装置输出端产生的火焰或爆轰波激发，不是电能激发，因此这种系统称为非电激发的爆轰传递系统，简称为非电传爆系统。

传爆装置目前常用的是限制性导爆索组件和塑料导爆管组件。前者的传爆索为限制性导爆索，导爆索是内装炸药的金属管；后者的传爆索为塑料导爆管，导爆管为内壁涂有薄层炸药的塑料管。若传爆索内装的不是炸药，而是延期火药，则传爆索就演变成延期索。延期索经常用于多功能传爆装置中，与导爆索和导爆管共同实现多个时序。

3.2　限制性导爆索组件

限制性导爆索组件用于传递爆轰波，爆轰波传递速度可达 7 000 m/s，工作前后外形没有明显变化。

3.2.1　组成及工作原理

限制性导爆索组件一般由歧管（输入端）、限制性导爆索（传爆索）和输出接头（输出端）组成，见图 3 - 1。

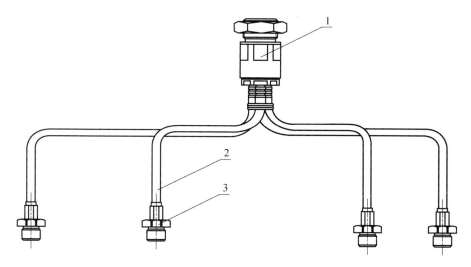

图 3 - 1　限制性导爆索组件组成图
1—歧管；2—限制性导爆索；3—输出接头

歧管接受起爆器或其他装置的爆轰输出，其内装药被引爆，产生爆轰波引爆限制性导爆索内装炸药，爆轰波在导爆索内迅速传递，到达输出接头，进而引爆输出接头内的装药，输出爆轰波或火焰，激发与输出接头相连的终端火工装置工作。

3.2.2　性能参数

限制性导爆索组件的主要性能参数如下。

1）输入能量：表征引爆歧管内装药需要的能量，一般用起爆器威力表示。

2）传爆速度：指爆轰波在限制性导爆索组件中的传爆速度。

3）终端路数：指一个歧管对应输出接头的数量。

4）输出能量：输出接头的输出能量，输出火焰时其能量表征方法与电点火器类似；输出爆轰波时，其能量表征方式与电起爆器类似。

5）不同步时间：指同一歧管对应的各输出接头工作输出能量的时间差。

3.2.3　装置设计

（1）歧管设计

歧管是限制性导爆索组件的爆轰分路器，将一路爆轰分成多路传递。歧管主要由歧管体和装药组成，根据内部结构和起爆方式分为集束式轴向引爆歧管、独立式轴向引爆歧管和独立式垂直引爆歧管三类，见图 3 - 2。

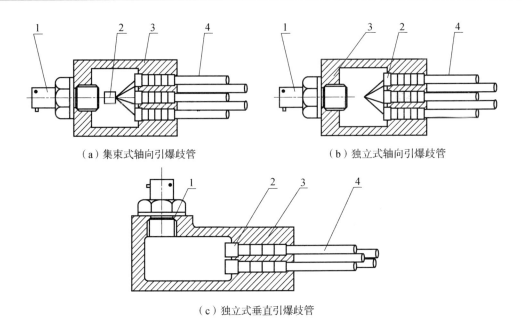

（a）集束式轴向引爆歧管　　　　　　　　（b）独立式轴向引爆歧管

（c）独立式垂直引爆歧管

图 3-2　歧管的分类

1—起爆器；2—装药；3—歧管体；4—导爆索

　　轴向引爆方式比垂直引爆方式更容易引爆，在安装空间无特殊要求的情况下，一般采用集束式轴向引爆歧管。

　　歧管壳体材料一般选用密度低的铝合金，壳体壁厚以工作后壳体不破坏为准则，即在装药量比设计药量大 20% 时进行试验，试验后壳体不破坏。壳体内外表面需做防腐蚀处理。壳体与起爆器的接口一般是可重复拆卸的螺纹孔，孔的尺寸与起爆器配合协调；与导爆索的接口一般设计成不可拆卸的配合接口，孔的数量由工作终端火工装置数量确定，孔的尺寸与选用导爆索尺寸相关，歧管装药工作后，导爆索不能被推出。

　　歧管内装药为猛炸药，装药量应能满足引爆多路导爆索的要求，当装药量是设计药量的 80% 时，仍能可靠引爆所有导爆索。装药量过大会在工作后破坏歧管壳体，因此最大装药量还要满足不破坏壳体的要求，并留有适当的余量空间。

　　（2）限制性导爆索设计

　　限制性导爆索是在装炸药的金属管外面包覆编织若干层高强度非金属材料而成，其工作后，外部结构完整、不破损、无爆炸燃气逸出。金属管材料选择延展性好的金属，如银、铅等。高强度非金属编织材料目前常用的是涤纶。限制性导爆索现已研制出多种标准产品，产品的拉断载荷大于 1 000 N，传爆速度可达 7 000 m/s，安全性能比较好，所以设计时一般选用标准产品。典型的限制性导爆索截面见图 3-3。

　　限制性导爆索路数取决于终端火工装置的数量，每路导爆索的长度根据航天飞行器上歧管到终端火工装置的路径距离确定，单根限制性导爆索最大长度可达 30 m。

　　限制性导爆索一端连接歧管，一端连接输出接头。歧管和输出接头的接口都设计成不

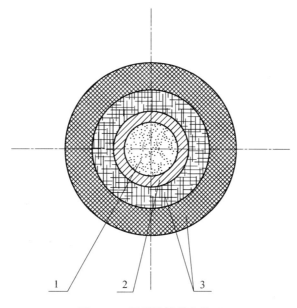

图 3-3　限制性导爆索截面

1—炸药；2—柔性金属管；3—编织层

可重复拆卸的固化接口，一般采用过盈配合、螺纹胶接固化等方式。

若要求各终端火工装置工作有先后顺序，并有一定的时间差，则可在后工作的终端火工装置对应的限制性导爆索中增加延期索（延期索的介绍见 3.3 节），或是在输出接头与终端火工装置之间增加延期元件或装置（如延期点火器，见 2.7 节）。

（3）输出接头设计

输出接头是导爆索组件传递爆轰的输出端。根据导爆索输入路数一般有单路导爆索输出接头和双路导爆索输出接头，典型结构见图 3-4。根据接头内装炸药分为火焰输出接头和爆轰输出接头，若限制性导爆索的输出能量足够，则输出接头可不再单独装药。

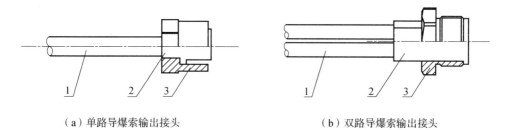

（a）单路导爆索输出接头　　　　　　　　　　（b）双路导爆索输出接头

图 3-4　输出接头典型结构

1—限制性导爆索；2—输出管座；3—螺套

单路导爆索输出接头用于终端火工装置有多个输入接口的情况，双路导爆索输出接头一般用于终端火工装置只有 1 个输入接口的情况，以实现冗余设计，提高非电传爆系统在该传爆环节的可靠性。

输出接头与终端火工装置的接口应设计成可重复拆卸的接口，结构形式上考虑用螺套的方式，以保证输出接头与终端火工装置连接时，输出接头上的导爆索不随着拧紧而转动。有密封要求时，输出接头一般通过隔板点火器（或隔板起爆器）与终端火工装置连接。

火焰输出接头内的装药主要是火药，用于引燃工作终端内的火药，而爆轰输出接头内的装药主要是炸药，用于引爆工作终端内的炸药。装药量以满足火工品的设计裕度为原则，同时兼顾输出接头工作后，接头不断裂，终端火工装置接口不破坏。

3.2.4 使用要求

限制性导爆索组件为长索类型，在包装运输时需要盘整成圆环状，圆环的直径一般应为组件最大直径的 20 倍以上。在航天飞行器上铺设安装时，应首先固定好歧管，然后按设计要求逐路铺设导爆索，并绑扎固定，在安装过程中不能反复弯折导爆索，导爆索与电缆、设备间保持必要的安全距离。

限制性导爆索承受外部温度的能力不高，当使用环境温度较高时，需要对其进行热防护。

3.2.5 应用实例

非电传爆系统在航天飞行器上的最早应用是在宇宙神-半人马座火箭上，级间分离系统、绝热板的分离和抛射、整流罩分离均采用非电传爆系统。另外土星 Ⅴ 火箭上的正推和反推火箭的点火、推进剂消散（安全系统）、级间分离，三叉戟导弹的级间分离、控制火箭的点火等也采用了非电传爆系统。

目前我国导弹、火箭和飞船在级间分离、发动机点火、回收装置点火等方面大都采用限制性导爆索组件。图 3-5 为某航天飞行器级间分离使用的非电传爆系统。

图 3-5 级间分离使用的非电传爆系统

3.3　延期索

3.3.1　组成及工作原理

延期索是一种索类火工品，为柔性、索状并具有连续细长装药。一般由编织层、金属管和延期药组成。通常延期索外径为 1.8～2.4 mm，实际使用时，根据应用环境的需要，延期索外部一般进行多层包覆。典型结构见图 3-6。

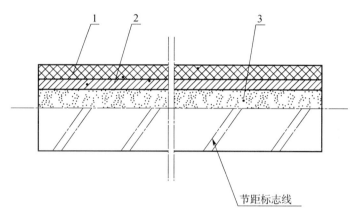

图 3-6　延期索结构图
1—编织层；2—金属管；3—延期药

延期索工作时，点火信号从施主端输入点燃延期药，利用延期药的稳定燃烧，延时一段时间后点燃下一级装药，实现传爆序列的延时功能。采用延期索进行延期的优点是通过调整内装延期药的燃速，可实现延期时间大范围调整；另外还可以通过调整延期索的长度实现延期时间的调整。相对延期点火器，延期索受燃烧产物压力影响较小，因此精度更高。另外延期索可与导爆索组成非电传爆网络，有利于减少终端火工装置的品种，降低对终端火工装置的要求[14]。

3.3.2　性能参数

延期索主要性能参数如下。
1）激发能量：表征引爆延期索内装药需要的能量；
2）燃烧速度：延期索内装延期药剂的燃烧速度；
3）输出能量：指输出火焰压力信号或爆轰信号的大小，其表示方式同点火器和起爆器。

3.3.3　装置设计

延期索设计主要包括延期药剂的选择、金属管材料的选择及包覆层的选择。

（1）延期药剂的选择

对延期药的要求是火焰感度好、传火连续、燃速受外界环境影响小、点火能力强。针对产品的延期时间要求，选择燃速在每秒几毫米至几十毫米之间的延期药，再根据安装长度，确定延期药剂。延期药剂选择时需考虑装药直径的影响。

（2）金属管材料的选择

选择金属管材料时，需要材料的延展性强、与装药相容性好。目前常用铅、铝和银等金属管材。铝相对于铅和银的硬度高，延展性相对差，其拉制和包覆过程的工艺性不好；铅的优点是延展性好，工艺性相对于铝和银为最好，且成本低，但其熔点相对于铝和银低（铅：327℃，铝：660℃，银：960℃），在延期药燃烧过程中容易熔化，使药剂燃烧传递失去约束体，不利于燃烧的可靠传递；银的延展性介于铝和铅之间，熔点高，缺点是价格昂贵。

（3）包覆层的选择

延期索的包覆层可以参照限制性导爆索的包覆方法和材料，一般有两种方案可供选择。

1）选择低密度聚乙烯作为挤塑层材料对延期索进行挤塑，然后用高强度涤纶丝编织到要求的外径尺寸；

2）在延期索外套装热缩管替代挤塑层，然后再用高强度涤纶丝编织到要求的外径尺寸。

实际可根据试验后的结构完整性确定包覆方案。

3.3.4　使用要求

延期索与限制性导爆索共同使用构成非电传爆系统时，需注意传爆序列和传火序列的匹配。如何把限制性导爆索输出的爆轰波，转化为点燃延期索的火焰，是需要特别注意的问题。一般采取的转化办法是在两者之间增加一段点火药，并对限制性导爆索输出的爆轰波进行衰减。衰减的方法有两种。

1）使限制性导爆索输出端去掉一定长度的编织层，解除装药柔性金属管的径向约束，让爆轰能量向多个方向扩散，达到衰减爆轰波的目的。

2）控制点火药与限制性导爆索输出端的距离和传火空间，靠一定的空气间隙来衰减爆轰波。

由于延期索经受反复的弯曲、扭转操作后，有可能出现断药和断裂，因此在使用时尽可能加大弯曲半径，并且不要对其反复弯折。

3.3.5　应用实例

延期索主要用于长距离延期点火和传火，也可与导爆索组成传爆系统，实施大面积多点按序点火、起爆或切割，某航天飞行器的非电传爆系统应用的延期索见图 3 - 7。

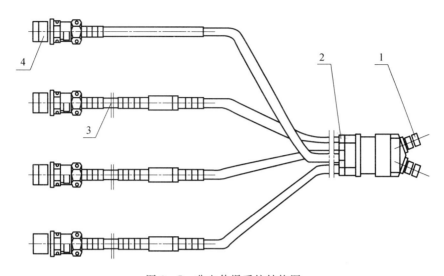

图 3-7　非电传爆系统结构图

1—点火器；2—传爆组件（含 3—延期索）；4—点火器

延期索的主要性能参数如下。

1）激发能量：导爆索引爆；

2）延期时间：分别为 3 s，6 s，9 s；

3）输出能量：输出火焰压力引燃点火器。

3.4　塑料导爆管组件

塑料导爆管组件是一种简单的传爆网络，它可以把输入端的爆炸信号分多路传递至输出端，引燃或起爆输出端的功能元件。

3.4.1　组成及工作原理

塑料导爆管组件由输入端击发元件、塑料导爆管和输出端起爆元件组成，如图 3-8 所示。当输入端击发元件引爆后，塑料导爆管中炸药将以 1 900～2 000 m/s 的爆速稳定地沿着管道传递爆轰冲击波，炸药不断产生新的能量，来补充传递过程中克服管道阻力、激发未起爆的炸药、加热管壁和管中空气所损失的能量，致使爆轰波能以一个稳定的爆速传递，能可靠地引发输出端装药，且不破坏塑料导爆管壁[15,16]。

3.4.2　性能参数

塑料导爆管组件主要性能参数如下。

1）激发能量：表征引爆塑料导爆管组件输入端内装药需要的能量，一般用起爆器威力表示；

2）爆速：指爆轰波在塑料导爆管组件中的传播速度；

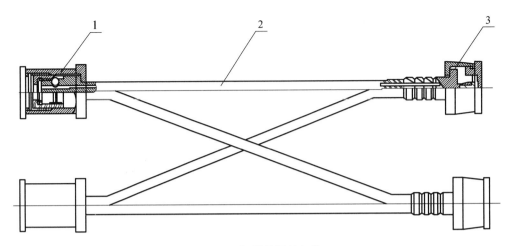

图 3-8　塑料导爆管组件

1—输入端击发元件；2—塑料导爆管；3—输出端起爆元件

　　3）终端路数：指一个塑料导爆管输入端对应输出端的数量；

　　4）输出能量：可输出火焰压力信号或输出爆轰信号，输出能量的表示方式同点火器和起爆器。

3.4.3　装置设计

　　导爆管组件的输入端和输出端是装有传爆药的连接接头。它们一方面把多根塑料导爆管组成网络，另一方面还使传爆能量有一定的加强，确保可靠传爆。输入端和输出端装药量可根据实际产品传爆序列和用途确定。

　　导爆管组件的核心部件是塑料导爆管，它于 20 世纪 70 年代产生于瑞典，20 世纪 70 年代末我国便开始将塑料导爆管应用于工程爆破。由导爆管的传爆机理可知，导爆管传爆过程是典型的固-气两相混合物爆轰，爆轰过程与云雾爆轰机理一致。对于云雾爆轰的一维理论，在不考虑管壁摩擦和热损失时，可得到理想的无能量损耗的爆速表达式

$$v = \sqrt{\frac{2\,(k^2-1)\,\eta\,Q}{1+\eta}} \qquad\qquad (3-1)$$

式中　　v——爆速；

　　　　k——爆轰气体产物综合绝热指数；

　　　　η——导爆管装药质量比例系数；

　　　　Q——爆热。

　　由式（3-1）可进行传爆性能设计与参数计算。塑料导爆管的管体通常采用聚乙烯塑料制成透明细管，塑料管外径通常约 3.0 mm，内径约 1.5 mm。管内壁涂有一层很薄的高能混合特制炸药，炸药一般由奥克托金或黑索金添加铝粉和石墨混合物组成，管内壁炸药密度约 0.4 mg/cm³，装药量约 20 mg/m。

　　目前国内有工艺定型的塑料导爆管可供选择，在进行导爆管组件设计时不用再进行塑

料导爆管设计。因此塑料导爆管组件设计的核心就是根据产品的使用情况确定输入端和输出端的装药量、输入端和输出端的连接形式及导爆管的数量、长度，这些参数确定之后塑料导爆管组件的结构形式就可以基本确定，通过传爆性能试验等相关试验最终确定塑料导爆管组件的技术状态。

3.4.4　使用要求

塑料导爆管有如下特点。

1）抗静电性能好，可在 30 kV 电压作用下经电容放电不爆炸；

2）防火焰，抗摩擦、震动、冲击；

3）传爆性能好，从几米到几千米长管都能稳定传爆；

4）检测方便，可目测其装药情况。

在安装塑料导爆管时，要注意其最小弯曲半径要求，弯曲过度易损坏产品，甚至导致断爆，同时应注意塑料导爆管的防潮及输入端和输出端多余物的控制措施，否则将影响产品的工作性能。

3.4.5　应用范围及实例

塑料导爆管组件适用于环境温度不高、低冲击、无污染、同步起爆的传爆环节。塑料导爆管可用于小火箭点火传爆、航空抛伞舱盖非电传爆、民用爆破作业的传爆网络。

图 3-9 为某塑料导爆管组件，该产品用于多个航天飞行器的慢旋系统，以实现慢旋发动机的冗余点火，并保证点火同步性，其主要性能参数如下。

1）激发能量：能被点火器可靠引爆；

2）路数：2×4 路；

3）爆速：大于 1 000 m/s；

4）输出能量：容积 10 mL 下压力 4～8 MPa。

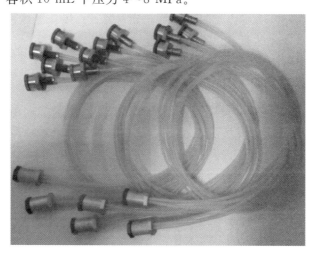

图 3-9　塑料导爆管组件图

第 4 章 分离装置

4.1 概述

"分离"在航天应用中一般含有两个动作：解锁和推离。解锁是指连接在一起的两体解除连接关系，而推离是指解锁后的两体离开一定的距离，并且两体具有满足要求的相对运动速度。航天工程中，只要具有解锁功能的装置就称为分离装置，因此本书沿用分离装置的名称，本章介绍的分离装置是指在分离中实现解锁的火工装置，但是不一定都具备将两体推离的功能。分离装置的主要功能是在分离动作进行之前，把需要分离的两体可靠地连接起来；在接到分离指令时，能够迅速实现两体进行连接解锁。某些种类的分离装置在解锁的同时还能够提供分离动力，实现推离功能，如气囊分离装置。分离装置在航天产品中得以大量应用，是分离系统的重要组成部分，目前主要用于运载火箭级间分离、助推器分离、整流罩分离，卫星（飞船）与火箭的分离，飞船舱段分离，卫星和飞船的太阳能电池板展开，导弹的弹头与弹体分离等分离环节。

根据分离装置结构形式，主要分为点式分离装置和线性分离装置两大类。

4.1.1 点式分离装置

点式分离装置是指分离的两体在连接接触面上，通过周向分布的多点进行连接，并能实现解锁功能的一类火工装置。点式分离装置主要也有两类，一类是爆炸螺栓，另一类是火工机构装置。

爆炸螺栓是技术成熟、应用广泛的一类点式分离装置。爆炸螺栓在连接状态时，配合普通螺母使用，以自身强度保证承载能力，与普通螺栓无异；工作时，其内部装药爆炸将螺栓分成两部分，实现被连接的两体分离。

根据爆炸螺栓的结构和分离方式，爆炸螺栓分为剪切销式和削弱槽式两大类。爆炸螺栓的使用场合经常需要考虑到爆炸气体、烟雾及解锁时的爆炸冲击等对周围环境及设备的影响，根据爆炸螺栓是否对环境产生污染可以分为有污染爆炸螺栓和无污染爆炸螺栓。其中无污染爆炸螺栓设计了专门的密封结构，保证分离后无爆炸气体泄漏到外界，有污染爆炸螺栓则没有这样的密封结构。具体选用爆炸螺栓时需要根据实际情况考虑其污染特性。

普通的爆炸螺栓只有一个活塞结构产生分离动力，为了提高其分离可靠性，还设计了双元爆炸螺栓，它的分离动力有两个，分离可靠性更高。提高爆炸螺栓工作可靠性的另一个措施是在点火器环节采用冗余设计，由此产生了单点火器爆炸螺栓和双点火器爆炸螺栓，双点火器爆炸螺栓的工作可靠性更高。

火工机构装置是指通过点火装置引爆炸药或产生高压气体，并驱动类似于活塞/活塞筒的机构，实现解锁、分离、弹射等动作，是一类点式连接解锁装置。火工机构装置包含的具体类型比较丰富，工作原理和使用方式各异，通常用在有特殊要求的连接面上。同弹簧、气囊等作动装置相比，火工机构具有单位质量转换能量高、质量轻、体积小、输入输出能量可控、可靠性高等特点。目前，火工机构装置已广泛应用于飞船和运载火箭等航天飞行器中，成功完成了舱段分离、舱盖弹射、降落伞释放、天线展开等任务。按照结构形式的不同，火工机构装置可分为火工连接螺栓、火工连接销等。

点式分离装置发展成熟，操作使用方便，但两体连接面上一般需要多个点式分离装置，这样会使两体的分离可靠性有所降低。

4.1.2　线性分离装置

线性分离装置是在两体接触面上实现连续线性连接，并能实现解锁的一类火工装置。线性分离装置包括切割索分离装置、导爆索分离装置、膨胀管-凹槽板分离装置、膨胀管-凹口螺栓分离装置、气囊分离装置等。线性分离装置具有承载能力强、可靠性高和连接刚度连续等优点，但也存在分离产生冲击大、拆卸不方便等缺点。

线性分离装置，如切割索分离装置，在 20 世纪 60 年代就已经在航天飞行器上成熟应用；膨胀管式分离装置（spuer zip）是美国洛克希德公司在 20 世纪 60 年代初开始研制的新一代线性分离装置，目前在欧美国家已经得到广泛应用，该装置作为独立的分离环应用在多个航天运载器上，按承载能力已经系列化发展。膨胀管-凹口螺栓分离装置已应用于日本 H-2 火箭上的纵向分离装置。我国的火箭、导弹也广泛应用了各种类型的线性分离装置。

本章着重介绍各种点式和线性分离装置。点式分离装置将介绍剪切销式爆炸螺栓、削弱槽式爆炸螺栓等典型爆炸螺栓以及钢球锁、分离螺母、连接销式分离装置、拔销器等火工机构装置。线性分离装置将介绍导爆索分离装置、切割索分离装置、膨胀管-凹槽板分离装置、膨胀管-凹口螺栓分离装置、气囊分离装置、机械锁连接装置、包带解锁装置等。

4.2　剪切销式爆炸螺栓

4.2.1　组成及工作原理

剪切销式爆炸螺栓主要由螺栓杆、连接销、装药和螺栓本体构成。螺栓杆通过连接销与螺栓本体连接，螺栓本体的空腔内一般装有炸药，输入端连接起爆器，典型结构见图4-1。起爆器工作后，引爆爆炸螺栓内部装药，装药爆炸产生的冲击波和气体压力推动螺栓杆运动，将连接销切断，螺栓杆和螺栓本体分离，从而实现两个被连接物体的解锁，见

图4-2。

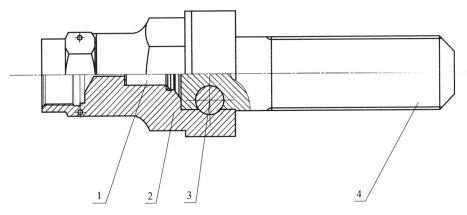

图4-1 剪切销式爆炸螺栓典型结构示意图

1—装药；2—螺栓本体；3—连接销；4—螺栓杆

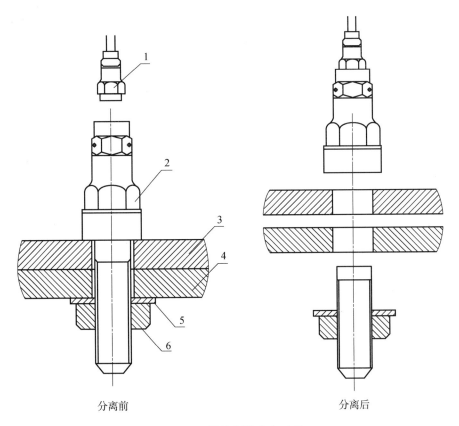

分离前   分离后

图4-2 爆炸螺栓分离过程

1—起爆器输入插头；2—爆炸螺栓；3—被连接件1；4—被连接件2；5—垫圈；6—螺母

4.2.2 性能参数

1）承载能力。爆炸螺栓所能承受的最大拉伸破坏载荷。目前剪切销式爆炸螺栓的承载能力已经形成了较为全面的系列化产品，常用的产品承载能力为 10～250 kN。

2）分离冲量。用于度量爆炸螺栓工作后，对被连接两体产生冲击的大小，一般以分离后螺栓杆的动量来表征。

3）污染量。衡量爆炸螺栓分离后产生污染的程度，一般用其分离后向外排出微粒物的质量来表征，排出微粒物的质量越小则产生污染的程度越轻。

4.2.3 装置设计

（1）螺栓杆

螺栓杆是爆炸螺栓实现连接的主要零件，使用过程中，螺栓杆与螺母配合，将两个被连接件连接成一体。螺栓杆材料一般选用钢材，硬度要比连接销大；其长度由被连接体的厚度确定，同时需要考虑螺栓杆伸入螺栓本体的长度，以及连接螺母和垫片的厚度；螺栓杆的直径由承载载荷确定，其强度要大于连接销的强度，确保在受载时不被破坏，在分离时连接销是薄弱环节。螺纹规格参照国家标准选择。

（2）螺栓本体

螺栓本体一般选用不锈钢制成，硬度要比连接销大。设计时要确保在内腔所装火药爆炸时所产生的冲击波和爆轰压力作用下螺栓本体结构不会破坏。螺栓本体与螺栓杆的配合应紧密，不能出现间隙。内部留有的装药空间应合适，确保装药爆炸后产生的爆轰波和高压能可靠地将连接销切断。

（3）连接销

连接销是剪切销式爆炸螺栓的一个关键件，既要在装药爆炸前承受外界的各种载荷而不被破坏，又要在装药爆炸后被可靠切断。连接销材料一般选择硬度比较低的铜、铝及其合金，材料的剪切强度需要严格控制。连接销的直径需要精细计算，确保剪切面积与材料剪切强度的乘积能满足承载能力和破坏载荷的双重要求。通过调整剪切销的直径、数量、位置和材料性能，可以实现不同的载荷承载能力设计。通过增加剪切销数量和提高切面面积，可以在不增加螺栓规格的情况下有效提高螺栓承载能力，如图 4-3 所示的剪切销式爆炸螺栓，采用的是 4 个剪切销，承载能力可以达到 177～206 kN。

（4）装药

装药是爆炸螺栓的核心，一般主装药选择猛炸药。装药量过大，可能破坏螺栓本体，并加大分离冲击；装药量过小，可能无法切断连接销，无法实现分离功能。装药量设计上一般参考以往产品，并用试验摸索得到；也可选择已有的雷管，然后经过裕度试验后确定。

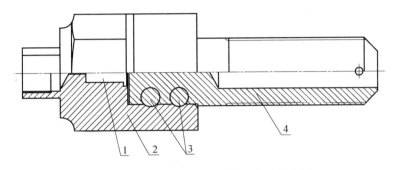

图 4 - 3　多个剪切销式爆炸螺栓典型结构图
1—装药；2—螺栓本体；3—连接销；4—螺栓杆

4.2.4　使用要求

剪切销式爆炸螺栓是利用爆炸冲击力破坏连接销的方式实现分离，爆炸产生的冲击比较大，常常还有污染物释放出来，对周围设备造成污染，因此不适合在对冲击力敏感和清洁度要求高的装置中使用。另外，还需在被连接体上设置爆炸螺栓分离物收集装置，防止产生多余物。由于剪切销式爆炸螺栓是便于拆卸的产品，其内装药剂容易暴露在外界环境中，需要防止内装药剂受潮，在操作使用前和安装后都需要及时将输入端堵上或与起爆装置连接。

4.2.5　应用实例

在航天飞行器中，剪切销式爆炸螺栓应用较多，图 4 - 4 所示为某航天飞行器用的剪切销式爆炸螺栓，其承载能力为 123～147 kN。

图 4 - 4　某航天飞行器使用的剪切销式爆炸螺栓外形图

4.3　削弱槽式爆炸螺栓

4.3.1　组成及工作原理

削弱槽式爆炸螺栓由螺栓体和内装药组成，输入端与起爆器连接，在螺栓体的螺杆上有特制的环状凹形削弱槽，典型结构如图 4-5 所示。当输入端的起爆器工作后，引爆螺栓的内装药，内装药爆炸产生高压气体和冲击波作用在螺杆上，使削弱槽处的应力超过材料强度极限，螺栓杆从环状凹形削弱槽处断裂，从而实现两个被连接物体的解锁。

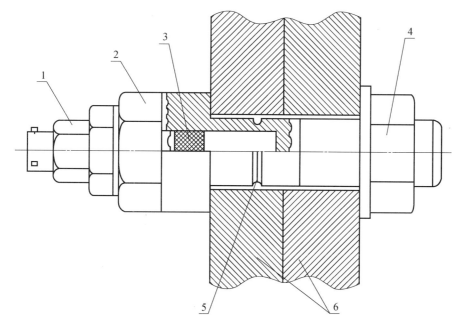

图 4-5　削弱槽式爆炸螺栓典型结构图

1—电起爆器；2—螺栓体；3—内装药；4—螺母；5—削弱槽；6—被连接件

削弱槽式爆炸螺栓的空腔内装有炸药，在其圆柱形药室的外壁上设计了一环形凹槽，形成一个强度上的薄弱环节，用切槽的角度和厚度的变化来控制爆炸螺栓的连接载荷。削弱槽式爆炸螺栓的承载能力可以根据需求进行设计。通过调整削弱槽的横截面积以及相应的装药量，可以满足不同的承载能力需求。目前已经实现了较为全面的系列化产品，常用的产品承载能力为 $20\sim200$ kN。

基于削弱槽式爆炸螺栓的结构特点，很容易设计具有密封结构的无污染爆炸螺栓。无污染爆炸螺栓通过活塞顶杆上的密封圈对燃气进行密封，经常在一些对环境污染比较敏感的分离面上采用，如整流罩的分离面。典型的无污染削弱槽式爆炸螺栓如图 4-6 所示。从图中可以看出，爆炸气体并不是直接作用于螺栓空腔内部，而是通过活塞间接传力至螺栓体上，将削弱槽拉断。只要把活塞气室设计成密封结构，就可以保证无气体泄漏。

4.3.2　性能参数

削弱槽式爆炸螺栓的主要性能参数与剪切销式爆炸螺栓基本相同，主要有承载能力、分离冲量和污染量等。

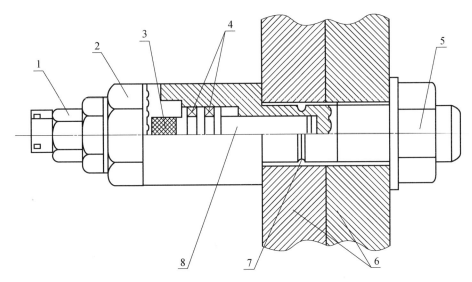

图 4－6   无污染削弱槽式爆炸螺栓典型结构图

1—电起爆器；2—螺栓体；3—主装药；4—密封圈；5—螺母；6—连接件；7—削弱槽；8—活塞顶杆

4.3.3   装置设计

（1）螺栓体

螺栓体是承受连接载荷的部件，其强度决定了螺栓的承载能力。螺栓体材料一般选用强度高的钢材，螺栓体的关键尺寸是削弱槽处的截面积，削弱槽处承受的破坏载荷即为螺栓的承载能力，可依据承载能力和材料强度设计削弱处的截面积。

（2）装药

装药量一方面要保证能够炸开削弱槽，并且留有足够的设计裕度，装药量的裕度可按火工相关标准规定取值，一般选 1.25 以上。另一方面装药裕度也不应过大，过大会在工作时引起较大的冲击，并且可能破坏爆炸螺栓的其他部位，如密封件等，一般装药量最大裕度在 1.5 左右。

（3）活塞顶杆

活塞顶杆以直线运动的方式传递爆炸能量，使削弱槽处壳体受到足够的拉应力而被破坏。活塞顶杆的设计需要保证与螺栓体内腔的壁面有合理的间隙配合关系，既不能阻碍运动，又不能产生横向晃动。活塞顶杆设计时，要保证其强度、刚度远大于削弱槽处壳体的强度和刚度。

（4）密封圈

密封圈的作用是使爆炸产生的气体封闭在螺栓腔体内部，防止泄漏污染。密封圈可选标准橡胶密封圈，但在尺寸上应保证其压缩后能承受电起爆器起爆后产生的高压不泄漏。

为了提高分离的可靠性，削弱槽式爆炸螺栓可以设计成双元形式，即把两个单元削弱槽式爆炸螺栓组合到一起，并从两个方向分别点火并提供分离动力。这种爆炸螺栓只要其中任一单元工作正常，就可以保证削弱槽按预定要求断裂，提高了分离可靠性。双元爆炸螺栓通常在包带连接解锁结构上采用，以实现星箭分离。典型的双元爆炸螺栓结构如图 4-7 所示。

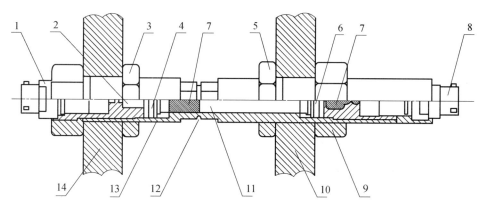

图 4-7　典型的双元爆炸螺栓结构图

1—电起爆器；2—主装药；3—螺母；4—密封圈；5—螺母；6—密封圈；7—主装药；8—电起爆器；
9—螺母；10—被连接件；11—活塞；12—断裂面；13—螺栓体；14—被连接件

4.3.4　使用要求

带有密封结构的削弱槽式爆炸螺栓污染很小，可以在对污染敏感的分离面上采用。设计成双元结构的削弱槽式爆炸螺栓，实现了较为完全的冗余，可以在对可靠性要求高的部位采用。

削弱槽式爆炸螺栓由于是利用冲击力破坏金属壳体的方式实现分离，分离时产生的冲击仍然比较大，使用时需要考虑对周围设备的影响。无污染爆炸螺栓采用的活塞顶杆装置使得气体冲击力不直接作用在削弱槽附近的空腔，对冲击环境有一定的改善。

由于在螺栓杆上开槽，形成几何突变区域，对剪切力较为敏感。削弱槽式爆炸螺栓的剪切承载能力较差，通常设计中不考虑其承载剪切能力。

4.3.5　应用实例

图 4-8 所示是一种典型的双元无污染削弱槽式爆炸螺栓，成功应用在某运载火箭的星箭分离面上，它的作用是连接并解锁包带。其主要性能参数如下。

1）自身质量：0.38 kg；

2）承载能力：69~81 kN；

3）单桥发火电流：大于 5 A；

4）安全性：满足 1 A1 W5 min；

5）污染量：小于 4 mg。

图 4 - 8　某运载火箭采用的双元无污染削弱槽式爆炸螺栓

4.4　钢球锁

钢球锁是一种轴向连接解锁装置，适用于轴向载荷几十千牛的连接，解锁冲击较小，无碎片产生。具有输入能量小、作用迅速、体积小、安全可靠等优点。

4.4.1　组成及工作原理

钢球锁一般由外筒、内筒、活塞、柱塞、钢球、弹簧和螺母等组成，其结构见图 4 - 9。

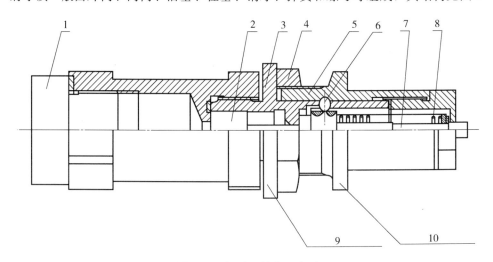

图 4 - 9　钢球锁结构示意图

1—点火器；2—活塞；3—内筒；4—螺母；5—外筒；6—钢球；7—柱塞；8—弹簧；

9—内筒连接法兰；10—外筒连接法兰

这种连接解锁装置使用时内筒连接法兰与一个连接体连接，外筒连接法兰与另一个连接体连接；内、外筒可分离，利用钢球卡住内、外筒使之成为一个整体装置；当需要解锁时，点火器产生的气体压力推动活塞并压缩弹簧，活塞移动一定距离后，钢球回落至内筒空腔中，解除内、外筒连接，实现解锁。点火器工作产生的杂质基本堆积在活塞与点火器构成的腔体内，避免污染被连接体。

4.4.2　性能参数

钢球锁的主要性能参数如下。

1）承载能力：钢球锁所能承受的轴向拉伸设计载荷。

2）分离时间：从点火器接收到点火信号到钢球锁内、外筒分离所需的时间。

3）分离冲量：钢球锁工作时对被连接两体产生冲击的冲量。

4.4.3　装置设计

首先根据钢球锁使用载荷（连接状态载荷）确定钢球锁预紧力，以及钢球锁各零件设计载荷。根据钢球锁设计载荷确定钢球锁的内筒主要结构参数（内径、外径）、钢球个数及直径、外筒和柱塞主要结构参数，并选用合适的材料及热处理参数。根据钢球锁连接载荷确定其预紧力大小，通常预紧力为 1～1.2 倍的连接状态载荷。预紧力确定后，选择预紧力施加方式，一般采用预紧螺母方式。钢球锁解锁力与预紧力有关。最小解锁力由顶住柱塞的弹簧力、钢球与柱塞的摩擦力组成，计算分析解锁力时要考虑足够的系数，确保可靠解锁，然后根据确定的解锁力选择合适的点火器与钢球锁配套使用。

钢球锁不同部位承受的载荷不同。一般最大载荷发生在钢球锁连接钢球处，此处钢球锁内、外筒的使用载荷为连接状态载荷与预紧力之和；钢球锁各连接法兰的使用载荷为连接状态载荷。

（1）内筒

内筒强度设计依据：内筒钢球开孔处结构按钢球锁轴向连接力设计，内筒法兰结构按钢球锁使用载荷设计；在保证内筒开孔处和法兰足够强度的前提下，尽量减小内筒结构尺寸和质量；内筒内径和壁厚均取决于钢球直径。

（2）外筒

外筒强度设计依据：外筒环形槽处结构按钢球锁轴向连接力设计，外筒法兰结构按钢球锁使用载荷设计。在保证外筒环形槽和法兰足够强度的前提下，尽量减小外筒结构尺寸和质量；外筒内表面与内筒外表面采用普通承载的 f 级间隙配合，设计时应充分考虑加工工艺性，适当放大公差等级。环形槽的直径一般为 1.1～1.2 倍钢球直径。

（3）柱塞

柱塞为阶梯轴，主要用于放置钢球，作为弹簧的导向轴，提高零件装配工艺性。表面上应采用圆弧面凹槽放置钢球，保证钢球与柱塞接触为线接触。

（4）活塞

活塞为阶梯轴，大轴面积取决于钢球锁需要的解锁力，解锁力越大，面积也越大；活塞大轴与内筒配合处可配有 O 型密封圈，保证气密性能；在保证活塞小轴足够强度和刚度的前提下，尽量减小活塞小轴直径。

4.4.4　使用要求

钢球锁使用简便，可以采用连接螺母或连接螺栓通过外筒、内筒与连接件和被连接件连接在一起。使用时需明确产品各段任务剖面的载荷条件，除了考虑使用载荷外，还需考虑安装时预紧力对钢球锁产生的载荷。由于钢球锁解锁力与分离过程产品所承受的轴向载荷大小相关，设计时需充分考虑动作过程中的轴向载荷，合理安排工作时序，以保证产品分离动作的可靠性。

4.4.5　应用实例

钢球锁目前已经成功应用于多个航天飞行器上。某产品实物图见图 4-10，其承载力为 20 kN，分离时间为 60 ms。

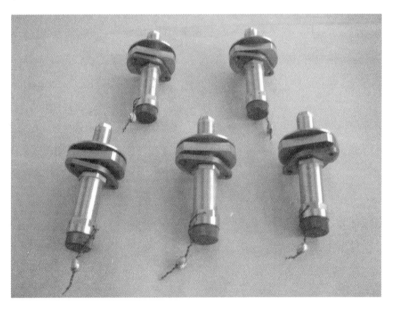

图 4-10　钢球锁

4.5　分离螺母

分离螺母是自 20 世纪 60 年代发展起来的分离装置，其连接强度优于爆炸螺栓和其他点式分离装置，而需要的解锁压力小，产生的分离冲击相对小，无污染无碎片，容易实现系列化、标准化。因此分离螺母非常适合于级间分离、有效载荷分离等。分离螺母能够压缩空气驱动进行分离功能检查，并且在检查后连接装置无需重新装配即可自动复位[17]。

当轴向载荷小于 100 kN 时，一般可采用钢球火工连接装置。当轴向载荷大于 100 kN 时，钢球接触应力已达极限，用分离螺母代替是比较合适的选择。

相对于传统的爆炸螺栓，分离螺母的结构相对复杂，产品的加工和装配精度要求较高。

4.5.1　组成及工作原理

分离螺母主要由解锁螺母、捕获器、对接螺栓组成，见图 4-11。分离螺母具有连接、轴向承载、分离和螺栓捕获等功能。

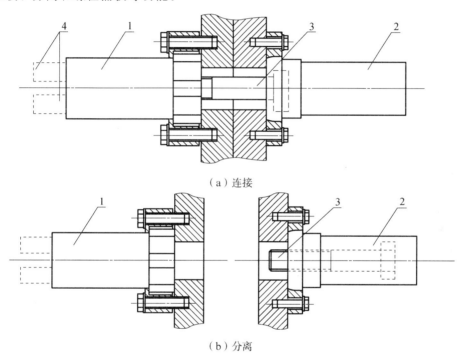

（a）连接

（b）分离

图 4-11　分离螺母结构图
1—解锁螺母；2—捕获器；3—对接螺栓；4—点火器

解锁螺母采用轴向连接、径向解锁的方式，由分瓣螺母、支撑环、壳体、密封圈等零件组成，如图 4-12 所示。解锁螺母的核心零件是分瓣螺母，分瓣螺母是将完整的螺母沿周向均匀分割成几瓣，装配时将这几瓣按照原先的顺序置入支撑环内，在支撑环的径向约束下再形成一个整体螺母。连接时，将对接螺栓拧入分瓣螺母内。点火器工作后，燃气推动支撑环移动，解除对分瓣螺母的径向约束；处于径向自由状态的分瓣螺母各瓣散开后释放对接螺栓，完成解锁。释放后的对接螺栓收于捕获器内。

解锁螺母的结构形式主要有两种：一种是反推式，即支撑环运动方向和点火器燃气输出方向相反；另一种是直推式，即支撑环运动方向和点火器燃气输出方向相同。

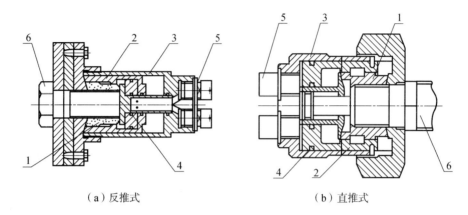

（a）反推式   （b）直推式

图 4-12　解锁螺母结构图

1—分瓣螺母；2—支撑环；3—壳体；4—密封圈；5—点火器；6—对接螺栓

4.5.2　性能参数

分离螺母的主要性能参数如下。

1）轴拉设计载荷：不产生永久变形，不降低性能的最大轴向拉伸载荷。

2）分离时间：从点火器接收到点火信号到捕获器捕获对接螺栓所需的时间。

3）分离不同步性：同温、同组条件下产品分离时间的最大差异。

4）分离冲量：对接螺栓分离速度与质量的乘积。

5）解锁压力：燃气推动解锁螺母工作所需的压力值。

4.5.3　装置设计

分离螺母设计的一般要求如下。

1）一套分离螺母由 2 个独立的点火器驱动，其中一个点火器或两个点火器同时工作均能正常完成分离功能；

2）承载能力满足使用要求；

3）分离过程无燃气泄漏或碎片飞出，捕获器能完整捕获释放后的对接螺栓；

4）分离装置应允许一定次数的反复拆装，一般不低于 10 次。

（1）对接螺栓

对接螺栓是分离装置承受连接载荷的主要零件，材料一般选用高强合金钢，螺纹规格选择参照国家标准，工作时应不产生塑性变形。

（2）解锁螺母

1）分瓣螺母：分瓣螺母与对接螺栓形成螺纹连接副，承受连接载荷；分瓣螺母一般被均匀分割为 3～4 个扇形块。

2）支撑环：支撑环为分瓣螺母提供径向支撑，材料一般选择与对接螺栓和分瓣螺母的材料相同，也可选用表面硬度相当的材料。

　　3）壳体：壳体主要承受燃气压力、内部机构碰撞产生的冲击等。壳体材料一般为金属材料，在工作压力下结构应完好。

　　4）密封圈：一般选用标准产品，材料应能在一定范围温度环境中使用，并确保与分离装置中使用的润滑剂相容。一般选用硅橡胶类材料。

　　（3）捕获器

　　捕获器结构设计应确保可靠捕获分离后的对接螺栓，防止分离后的螺栓回弹到对接孔内。捕获器内一般应设计阻尼和缓冲结构以降低对接螺栓的分离速度。

　　捕获器材料一般选用铝合金，在有特殊要求（如耐高温时）时可以选用其他特殊性能的材料。

4.5.4　使用要求

　　分离螺母可以经受一定次数的重复拆装，但不承受剪切载荷，剪切载荷由安装在对接面上的抗剪锥套或抗剪销承受。抗剪锥套的结构如图 4 - 13 所示。

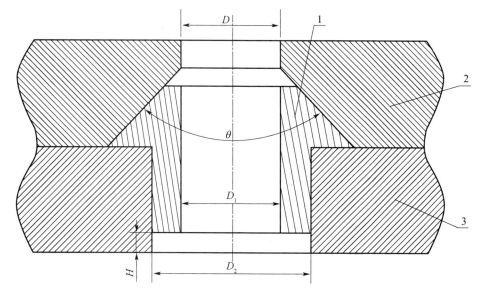

图 4 - 13　抗剪锥套结构图
1—抗剪锥套；2—被连接件 1；3—被连接件 2

　　另外，安装分离螺母时要求控制预紧力矩，预紧力应保证在各种载荷工况下剩余预紧力大于零。

4.5.5　应用实例

　　分离螺母适合于级间分离、有效载荷分离等。在某运载火箭上面级分离、某运载火箭逃逸系统栅格翼解锁、某航天飞行器的头体分离等分离方案中都采用了分离螺母。图 4 - 14 为航天飞行器中应用的几种分离螺母。

图 4 - 14　分离螺母

4.6　连接销式分离装置

连接销式分离装置应用较广，是较常见的连接分离装置，用于结构分离，如窗口保护罩分离。它与剪切销式爆炸螺栓的主要区别有两点。

1）其剪断连接销的方式是用运动的活塞；

2）连接销的尺寸比较小，承载能力较低。

4.6.1　组成及工作原理

连接销式分离装置一般由壳体、活塞、连接销、分离体等组成，如图 4 - 15 所示。工作时，点火器产生的高温高压燃气推动活塞运动，将连接销剪断，从而实现连接体与分离体的分离。点火器工作后的产物被密封在壳体内，不会产生多余物和污染物。

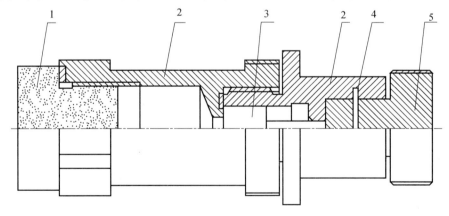

图 4 - 15 连接销式分离装置结构图

1—点火器；2—壳体；3—活塞；4—连接销；5—分离体

连接销式分离装置的承载能力一般小于 50 kN。

4.6.2　性能参数

连接销式分离装置的性能参数如下。

1）承载能力：分离装置能够承受的最大拉伸载荷。

2）分离时间：从装置接收输入信号到分离体脱离壳体的时间。

3）分离冲量：用于度量分离装置工作后，对被连接体产生冲击作用的大小，一般以分离体的动量来表征。

4）污染量：与剪切销式爆炸螺栓的污染量意义相同。

4.6.3　装置设计

（1）壳体

壳体需要承受点火器工作后产生的高压，因此壳体材料一般选择冲击韧性比较好、强度较高的钢材，如不锈钢。壳体厚度应保证能承受装置工作时产生的内压，并有 2.0 以上的强度安全系数。壳体内腔的大小需要考虑与选择的点火器的输出能量匹配，容腔大则需要点火器输出能量大，在可能的情况下，适当加大容腔的截面积，可以增大活塞的推动力，降低容腔压力，减小壳体壁厚。

壳体内壁面需与活塞配合，粗糙度和尺寸公差都应有较高的要求，在活塞运动方向上的尺寸需严格配合，确保工作前活塞与分离体紧密贴合，位置不能随意移动，若尺寸不能严格限制活塞移动，则需要对活塞采取限位措施。

（2）活塞

活塞需要运动撞击分离体，因此其材料选择强度比较高的钢材，并且应经过热处理使其硬度较高，一般硬度应达到 HRC40 以上。活塞与壳体之间的密封一般采用橡胶密封圈。活塞与分离体接触的面积尽可能大，以免局部应力集中，在撞击时产生较大的塑性变形而导致能量损失。

（3）连接销

连接销用于连接分离体和壳体，连接销的剪切强度决定了装置的承载能力。连接销一般选择强度和硬度都比较低、易于剪切的材料，如铜材或铝材，其强度和硬度一定要远小于壳体和分离体。此外还需考虑与壳体材料、分离体材料的相容性。

剪切销的直径需要仔细设计，直径过大影响分离，直径过小影响承载能力；通常是以承载能力乘以适当的安全系数（如 1.1～1.2）作为剪切销的剪切破坏载荷，然后根据剪切销材料的强度、剪切面积，计算出剪切销直径。剪切销与壳体和分离体的配合设计为过盈配合，尺寸偏差和材料强度偏差需要严格控制。

（4）分离体

分离体是装置工作后抛掉的部分，分离体受活塞的撞击，将剪切销剪断，然后分离出去。分离体的材料硬度应与活塞硬度相当，避免受活塞撞击产生大的塑性变形，消耗分离能量。分离体与壳体的配合一般设计成过渡配合，考虑密封要求时可采用小的过盈配合，避免大的过盈配合，因为过盈配合会导致分离所需推动力加大，影响装置分离功能的完成。

4.6.4　使用要求

连接销式分离装置需要活塞推动分离体运动来实现解锁，与爆炸螺栓相比传力环节增加了，相同尺寸下承载能力比爆炸螺栓要小，需要特别注意的是，应根据承载能力确定拧紧破坏力矩，在使用安装时，拧紧力矩一般不超过破坏力矩的 2/3。理论上连接销式分离装置是无污染的，但实际工作后，总会产生一些污染，因此选用时应根据使用环境考虑污染的影响。

4.6.5　应用实例

连接销式分离装置通用性强，安装使用方便，能够实现轻污染、无碎片、低冲击的要求，被广泛应用于航天产品中。图 4 - 16 为某连接销式分离装置，其承载能力为 1 kN，分离时间为 0.1 s，污染量为 0.36 mg。

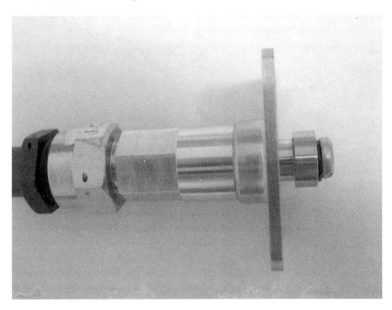

图 4 - 16　连接销式分离装置

4.7　拔销器

拔销器的特点是利用装药产生的高温高压气体使活塞回缩作功，装药点火后的产物被密封在壳体内，不会产生多余物和污染物，结构比较简单，工作可靠。由于活塞运动时只

需克服与机构界面间的摩擦力，因此工作时需要的能量小，推动力远小于承载力，产生的
冲击也较低。

4.7.1　组成及工作原理

　　拔销器一般由点火器、活塞、连接销等组成，拔销器的典型结构形式是点火器与活塞
垂直，点火器产生的高温高压气体从侧向孔作用于活塞，完成拔销功能。拔销器结构如图
4-17所示。

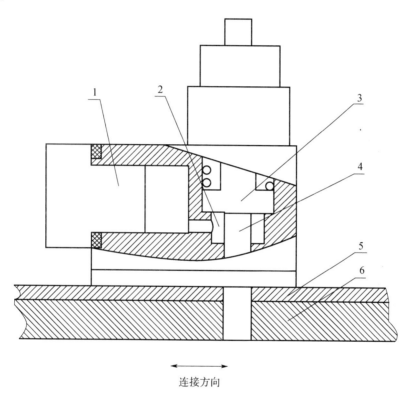

图 4-17　拔销器结构图

1—点火器；2—高压容腔；3—活塞；4—连接销；5—连接体 1；6—连接体 2

　　工作原理：工作时，点火器产生的燃气通过壳体上的通孔流入高压容腔，推动活塞克
服弹簧的压缩力向上移动，从而将连接销从分离体中抽回，解除两连接体之间的约束
关系。

4.7.2　性能参数

　　拔销器的性能指标主要包括连接销回缩行程、承载力及连接销回缩保持时间。

　　1）连接销回缩行程：连接销往回收缩运动的距离。

　　2）承载力：指连接销在使用及工作过程中承受的剪切力，主要由作用在释放体上的
过载引起。承载能力一般小于 50 kN。

3）连接销回缩保持时间：指连接销回缩到位后的保持时间，由于拔销经常和释放等动作联合使用，为保证下一个动作可靠进行，需要在时序上予以保证。

4.7.3 装置设计

拔销器设计主要包括点火器设计、活塞设计、容腔设计、连接销设计。

（1）点火器设计

点火器用于给拔销器提供解锁力，解锁力主要用于克服连接销回缩过程的摩擦力和弹簧力。摩擦力由设计载荷作用在连接销上的正压力形成，弹簧力是防止销轴自由运动的作用力。

由于拔销器体积小，在活塞产生运动前的初始容积很小，因此点火元件应选用输出能量较平稳的药剂，以避免初始出现的压力峰值造成拔销器结构损伤，常用的药剂有混合点火药、发射药、弱起爆药等。

药剂确定后，通过受力分析确定解锁力，根据活塞的面积和解锁力可确定所需点火器的输出能量，根据输出能量值初步估算所需的装药量。由于理论计算值往往有较大偏差，因此需要通过相关试验确定装药量的最终值，如裕度试验、结构强度试验等。

根据使用要求，点火器可采用冗余设计，即在拔销器的输出端装两个点火器，从而提高拔销的可靠性。根据能量输入形式，选择使用电点火器或者隔板点火器。由于目前已定型的点火器种类较多，从产品三化、节约研制成本以及缩短研制周期的角度考虑，优先选用成熟的点火器。

（2）活塞设计

活塞承压面积的大小、活塞与壳体接触状态直接影响到装置的解锁性能和外形尺寸。活塞承压面积大，则需要点火器提供的压力小，同时导致产品体积较大；反之，则需要点火器提供的压力大，要求壳体承压能力强，导致产品质量增加，因此需根据实际情况进行协调设计。

（3）容腔设计

容腔设计可影响点火器的点火压力以及壳体强度。空间允许的情况下，增大容腔，有利于降低对壳体的压力。容腔的壳体要能承受点火器工作产生的冲击。在满足结构强度的前提下，要求容腔尺寸小、质量轻。

拔销器依靠点火器产生的燃气推动连接销运动，因此要确保燃气不泄露。密封性主要考虑两方面，一是要保证活塞与壳体之间的动密封，通常是在活塞与壳体之间采用 O 型密封圈予以保证；二是要保证整个壳体对燃气的结构密封，主要是在结构设计时考虑提供相对密闭的空间，通过螺纹连接或者在对接位置添加密封圈来实现。

（4）连接销设计

拔销器的连接销是主要的承力结构件，根据拔销器的使用情况，可能承受发射时引起的过载和振动载荷、点火器工作时产生的冲击以及临近其他火工产品工作产生的冲击。根据这些载荷情况，确定连接销的材料及其相关尺寸。

设计时，应考虑动荷环境并留有一定的安全系数，一般情况下，动荷系数取 1.6，安全系数取 2[6,18]。

4.7.4　使用要求

拔销器使用时必须明确产品地面操作过程，以及运输、发射、飞行等各阶段的载荷条件，除了考虑环境条件外，还需考虑安装时预紧力对连接销产生的载荷。由于拔销通常与其他功能如释放、分离组合使用，因此需考虑动作的时序，以保证各个动作有序进行。

4.7.5　应用实例

拔销器应用较广，常用于结构的锁定和释放，如降落伞的脱离、太阳帆板的释放，以及有效载荷的连接释放等。某拔销器产品实物见图 4 - 18，在多个航天飞行器上使用。该拔销器连接销回缩行程 7 mm，承载力 2 kN，连接销回缩时间大于 200 ms。

图 4 - 18　拔销器产品实物图

4.8　导爆索分离装置

导爆索分离装置承载能力强、分离可靠性高、安装工艺性好、使用安全性较好，一般适用于切割厚度不超过 3 mm 的铝合金分离壳体，分离时冲击较大、有爆炸产物泄出和分离碎片产生。

4.8.1　组成及工作原理

导爆索分离装置主要包括：分离壳体、保护罩、柔性导爆索组件和连接紧固件，其基本结构形式如图 4 - 19 所示。

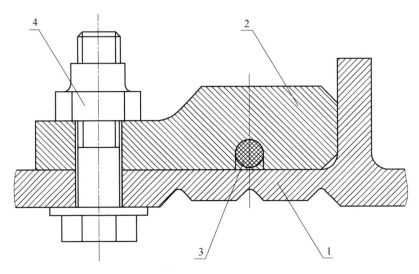

图 4 - 19　导爆索分离装置结构图

1—分离壳体；2—保护罩；3—柔性导爆索组件；4—连接紧固件

工作时，柔性导爆索的内装炸药被引爆，产生爆轰波和爆炸气体压力，使得分离壳体沿削弱部位断裂，从而达到分离功能。分离作用过程如图 4 - 20 所示。

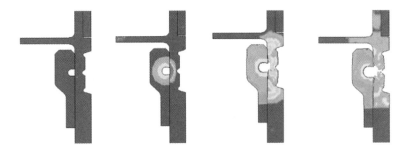

图 4 - 20　导爆索分离装置分离作用过程示意图

4.8.2　性能参数

导爆索分离装置的主要性能参数如下。

1）分离能力：使被分离体破坏断裂的能力，一般以被分离体的材料和厚度来衡量。

2）分离时间：从装置接受分离信号到将被分离体破坏断裂的时间。

3）导爆索爆速：稳定爆轰在装置中传递的速度。

4.8.3　装置设计

导爆索分离装置的性能与分离壳体和保护罩的材料及形式、导爆索组件的装药量、连接螺钉与分离槽之间的距离都有关系，因此在设计中应考虑这些参数之间的相互匹配。

（1）柔性导爆索组件

柔性导爆索的结构如图 4-21 所示，由外向内为：聚乙烯挤塑层—纤维编织层—壳体—装药。

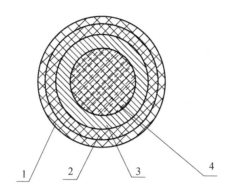

图 4-21　柔性导爆索组件结构（截面）图
1—聚乙烯挤塑层；2—纤维编织层；3—壳体；4—装药

典型柔性导爆索组件由猛炸药（如黑索金）装入金属壳体中拉拔而成，金属壳体材料通常选择密度高、延展性较好的材料，如铅、铅锑合金、银、铜等。根据导爆索分离装置的工作原理和成型工艺需求，类似于铅这种材料具有延展性好且在高温高压下气化的特点，是柔性导爆索金属管材料极佳的选择。

柔性导爆索外侧的纤维编织层和聚乙烯挤塑层主要是提高导爆索组件的强度和贮存性能。纤维编织层应选用抗拉性能较好的材料，挤塑层应选择韧性好和防潮性能强的材料。

装药是柔性导爆索分离装置工作的能源。理论和实践表明，提高装药体密度，爆速相应增大，同时装药量增大可以提高分离能力。目前装药主要选择黑索金、奥克托金等。

（2）保护罩

保护罩用于支撑、定位、保护柔性导爆索组件，阻止爆炸碎片沿反向飞入壳体内，从而损坏壳体内部仪器设备。

在受瞬间强大爆炸冲击作用后，要求保护罩整体残余变形量小，不破裂，无裂纹。因此，保护罩材料在高应变率下必须有足够的强度和冲击韧性。目前常用的材料有铝合金和复合材料等。

保护罩的结构形式主要取决于柔性导爆索组件工作时产生的爆炸冲击载荷，此外还受安装位置、安装空间、装配工艺等因素的影响。铝合金保护罩的基本结构见图 4-22，图中各参数的定义及设计依据如下。

A 为保护罩的厚度，这个值主要根据装药量来确定，一般来说，装药量越大，保护罩的厚度越大，较厚的保护罩有相对较好的抵抗冲击的能力。H 为保护罩的宽度。

　　B，E 和 G 为装药槽的尺寸，装药槽的尺寸稍大于内装的柔性导爆索组件的外型尺寸，要求内部光滑无明显接痕。

　　J 是连接螺钉孔尺寸，孔的尺寸与连接螺钉相匹配即可，连接螺钉的规格可根据装药量的大小确定。I 是连接厚度，根据连接螺钉的规格适当调整。

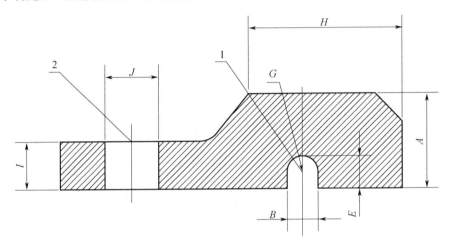

图 4 - 22　铝合金保护罩结构（截面）图

1—装药槽；2—螺栓连接孔

（3）分离壳体

　　分离壳体在分离工作前作为航天飞行器结构的一部分，兼顾承载和分离双重功能，而承载和分离是相互矛盾的两个方面。因此，分离壳体材料的选择和分离结构型面的设计是最为重要的。目前，分离壳体的材料一般为铝合金，常用的铝合金材料包括铸铝、锻铝、铝板材等。分离结构型面除了分离厚度需要满足承载要求外，还需要预制多个削弱槽，以提高分离能力，并防止爆炸所产生的裂纹在壳体中扩展，如图 4 - 23 所示，图中削弱槽

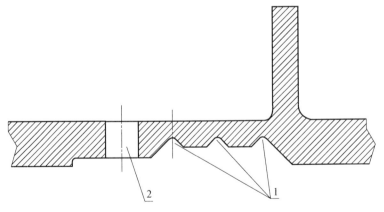

图 4 - 23　分离壳体结构（截面）图

1—削弱槽；2—螺栓连接孔

的数量、形状、尺寸均为影响分离性能的关键因素，这些因素以及相互之间的匹配关系需要精细化设计。一般地，在满足承载的剩余强度系数大于 1 的同时，分离裕度可适当加大，但加大以后需要根据情况考虑分离冲击的影响。

（4）连接紧固件

连接紧固件用于连接保护罩与分离壳体，包括连接螺钉（螺栓）、垫圈、螺母。要求在完成分离工作后螺钉（螺栓）不能出现断裂及任何多余物。其标准及规格的选择一般遵循以下原则。

1）螺钉（螺栓）应具有较高的强度，材料一般选择钢，直径 5 mm 或 6 mm，能经受住大装药量的冲击作用。

2）螺母应具有防松功能，在使用环境下拧紧力矩无明显下降。

3）螺钉（螺栓）之间的间距一般在 40～60 mm 之间，可根据实际情况进行调整。

4.8.4　使用要求

导爆索分离装置一般用于航天飞行器级间或整流罩横向分离。由于其分离能力较切割索分离装置差，故常用于较薄的铝合金分离结构中，分离厚度一般小于 3 mm。对复合材料和高强度金属材料的分离结构不推荐使用。

4.8.5　应用实例

导爆索分离装置应用于美国北极星 A3、民兵、海神、三叉戟导弹头罩横向分离等。国内多个航天飞行器的级间分离或排焰窗口分离也采用了这种分离装置。某导爆索分离装置如图 4 - 24，可分离厚度为 2.4 mm 的铝合金，爆速可达 6 000 m/s。

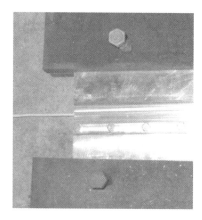

图 4 - 24　导爆索分离装置

4.9　切割索分离装置

切割索分离装置对于均质、各向一致性好的金属材料切割效果比较好。与导爆索分离装置相比，在装药相同的情况下，可分离的厚度大，在高强度材料和复合材料分离方面，切割索分离装置更具有优势，但同时存在较明显的缺点：

1）切割索与分离结构上预制的削弱槽（分离部位）需要严格对准，并且切割索在装配过程中，型面容易发生变化，导致切割能力降低；

2）工作后产生较大的冲击，并泄出爆炸产物。

4.9.1　组成及工作原理

切割索分离装置由分离壳体、切割索、保护套、保护罩、连接紧固件等组成，是用来快速而有效切割金属和非金属的一种线性分离装置（见图 4 - 25）。

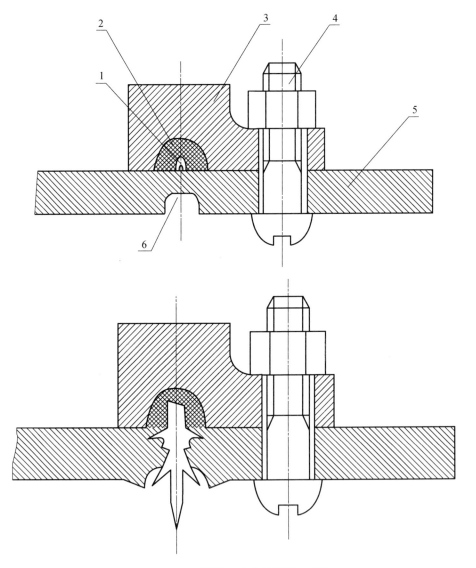

图 4 - 25　切割索分离装置作用示意图

1—切割索；2—保护套；3—保护罩；4—连接紧固件；5—分离壳体；6—削弱槽

根据爆炸基本理论，在爆炸切割技术中使用线型装药技术（LSC），将炸药制成适当的空心形状，以使炸药能量向实现切割的方向聚集。当空心装药表面有金属衬罩时，聚能作用使爆炸能量向聚能罩（药形罩）会聚，这样爆轰产物以高达几十万帕大气压的极高压力作用于药形罩，将其压垮，而后向对称轴闭合运动。罩内壁附近的金属在对称平面上形成向着装药底部高速运动的呈薄层状的射流，常称之为"射流刀"，一般是呈熔融状态（热塑状态）的高速金属流。其头部速度为 3 000～5 000 m/s，集中了很高的能量。金属射流在飞行中不断拉长，当它冲击金属材料分离壳体时，分离壳体表面压力突然达到几百万帕。在此高压作用下，壳体表面材料被挤开，向侧面堆积。随着射流与分离壳体的相互作用，射流不断丧失自己的能量并依附在分离壳体的断裂面上。如果分离壳体相对很厚，当射流速度低于某一临界值时切割作用停止；如果分离壳体厚度适当，射流将分离壳体一分为二（见图 4-26）。

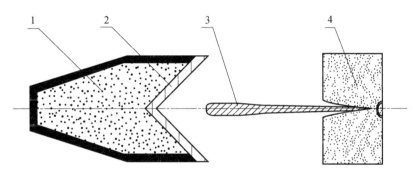

图 4-26　切割原理示意图

1—装药；2—聚能罩；3—射流；4—分离壳体

4.9.2　性能参数

切割索分离装置的主要性能参数如下。

1）切割能力：对被分离体切割解锁的能力，一般以被切割体的材料和厚度来衡量。

2）切割分离时间：从装置接受分离信号到将被切割体切割解锁的时间。

3）切割索爆速：稳定爆轰在装置中传递的速度，一般不低于 7 000 m/s。

4.9.3　装置设计

切割索分离装置的设计主要是切割索、保护罩、保护套和分离壳体的设计。

（1）切割索

切割索有药条式切割索（见图 4-27）和金属管切割索（见图 4-28）等基本结构。典型药条式切割索是由猛炸药（如黑索金）配以辅助成分压制成药条，药条外加一个金属聚能罩。典型金属管切割索是将猛炸药装在铅、铅锑合金、银、铜等金属管内，用模具多次压制而成。切割索所能切割金属的厚度由炸药的威力、装药量、聚能角、炸高（切割索离金属表面的距离）等因素决定。在这两种基本结构中，金属管切割索切割效果更好些，使用更为普遍[6]。

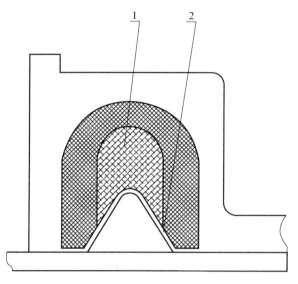

图 4-27　药条式切割索

1—药条；2—聚能罩

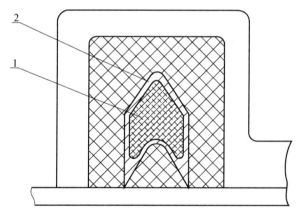

图 4-28　金属管切割索

1—装药；2—金属管

金属管切割索的金属管和药条式切割索的聚能罩，两者的材料一般都选塑性好、密度高的材料，通常采用铅、铅锑合金、铜、银等。在切割侵彻深度较小，装药线密度相对小的情况下，通常选用铅或铅锑合金金属管。在切割侵彻深度较大，装药线密度相对大的情况下，通常选用铜、银等金属管。

切割索的聚能锥角影响切割射流。锥角小时，射流头部速度较高，但射流质量较小，因此侵彻较深，切口宽度较小；锥角大时，射流头部速度较低，射流质量较大，因而侵彻深度下降，但切口较宽。此外，聚能罩的厚度对聚能切割也有较大影响。

切割索的装药是切割的能源。理论和实践表明，装药影响切割能力的主要因素是爆轰压力。提高装药的体密度，爆速相应增大，同时装药量增大可以提高聚能切割的能力。目前装药主要选择 RDX，HNS - Ⅱ。

切割索分离装置在设计过程中，需要进行裕度试验。一般地，可以按照 67％ 设计药量切割设计厚度或按照设计药量切割 1.5 倍分离厚度来进行，两者任选其一即可。但是，由之前介绍可知，切割索的切割能力和型面密切相关，因此，改变切割索药量后，型面必定发生变化，切割能力变化非常明显。使用 67％ 设计药量切割设计厚度时，务必要对其型面进行切割能力优化工作；而进行设计药量切割 1.5 倍分离厚度的裕度试验时，则不存在这个问题。

切割索的切割性能主要靠侵彻深度来评估，最好能够实现对分离厚度的完全侵彻。对于铝合金材料，一般地，只要侵彻切开分离厚度的 2/3，剩余 1/3 厚度则可以依靠爆轰波的作用撕开。

（2）保护罩和保护套

当切割索起爆后进行爆炸切割时，虽然大部分能量因聚能效应形成高速射流切割金属板，但仍有一部分能量在射流的反方向辐射，这种辐射不仅使这一部分能量浪费，也会对航天产品内部电子元器件和电子线路造成损害。

通过保护罩、保护套与切割索配合使用，一方面用来减少切割能量的损失，另一方面用来保护航天产品内部电子元器件和电子线路免受损害。目前国内外保护套的材料通常选用金属件或橡胶件，其外部形状一般为矩形和半圆形，内部形状与切割索的外形一致。保护罩一般选用冲击韧性较好的材料，如铝合金、钢、复合材料等。

（3）分离壳体

分离壳体设计与导爆索分离装置基本相似，分离壳体的材料除铝合金外，还可以为钢、钛合金、复合材料等。分离结构型面也需要预制削弱槽，但一般只需预制一条削弱槽，其形式可采用矩形槽、圆弧型槽等。

（4）连接紧固件

连接紧固件设计与导爆索分离装置基本相同。

4.9.4　使用要求

切割索分离装置目前主要用于均质的金属材料切割分离，若用于复合材料如陶瓷、玻璃钢等切割时，应考虑复合材料的材料特性，并通过充分试验后才能应用。

切割索分离装置由于金属管切割索管壁最薄处往往只有 0.1 mm 左右，且外壳可能存在微小裂纹和砂眼，因此当产品经受长时间温湿度试验后，可能会有水分进入药芯，使之变质，从而导致切割索出现断爆现象。所以，通常会在相对湿度较大的环境下，对已进行过清洁处理的切割索表面涂三防保护剂，实施保护。

在安装切割索分离装置时，切割索与保护罩、保护套应粘接牢固。切割索的聚能锥应与被分离结构上预制的削弱槽对准。由于在装配过程中，型面易发生变化，因此在转弯处更需要仔细处理，必要时进行 X 射线检查确认。此外，装配后，切割索的对接点间隙不宜过大，以保证爆轰波的可靠传递。

4.9.5 应用实例

切割索分离装置具有分离同步性好、工作可靠、结构质量轻、预分离面密封性好、易于弯曲制造各种形状等优点。目前广泛应用于火箭的级间分离、导弹自毁、紧急逃逸中各种材料的切割等。美国宇宙神-半人马座火箭使用了 3 种切割索分离装置，土星 V 运载火箭、阿波罗号飞船、双子星座号飞船、民兵、海神、潘兴 2 等航天飞行器上都成功应用了切割索分离装置。在一些航空航天飞行器中也采用了切割索分离装置，如战斗机的驾驶舱盖和航天载人舱密封盖的救生系统等。某些产品的规格与技术性能见表 4-1。

表 4-1　部分产品规格与技术性能

序号	外壳材料	装药	线密度/（g/m）	爆速/（m/s）	切割能力
1	铅	黑索金	1.4	≥7 000	1.5 mm 厚锻铝板
2	银	黑索金	2.3	≥8 000	1 mm 厚 1Cr18Ni9Ti
3	铅	黑索金	2.7	≥7 100	3 mm 厚锻铝板
4	铅	黑索金	3.7	≥7 100	4 mm 厚 LF6
5	铅	六硝基芪-2	4.5	≥6 000	4 mm 厚 LF6-M

此外，铝皮切割索、铜皮切割索的网络开舱技术也在航天飞行器上广泛应用，主要应用于战斗部蒙皮与防热层的切割、舱段分离等。图 4-29 是某战斗部舱段的切割网络，它由多根切割索纵横搭接而成，主要实现子母弹战斗部的切割分瓣功能。

图 4-29　橡胶保护套式切割索分离装置

4.10　膨胀管-凹槽板分离装置

4.10.1　组成及工作原理

膨胀管-凹槽板分离装置是美国洛克希德公司在 20 世纪 70 年代开始研制的一种线性

分离装置，目前在欧美国家已经得到广泛应用，该装置作为独立的分离环应用于多个航天运载器上，并按承载能力已经系列化发展。

膨胀管-凹槽板分离装置由炸药索、扁平管、填充物、分离板和分离体组成，典型的膨胀管-凹槽板分离装置结构组成和工作原理如图 4-30 所示。其工作原理为：起爆器将炸药索起爆，炸药索产生爆轰能量，扁平管在爆轰能量作用下膨胀、扩张，并将分离板沿着削弱槽撑断，使上、下两分离体解锁。爆炸产生的气体和碎片等被封闭在膨胀后的扁平管内，对外不产生污染。

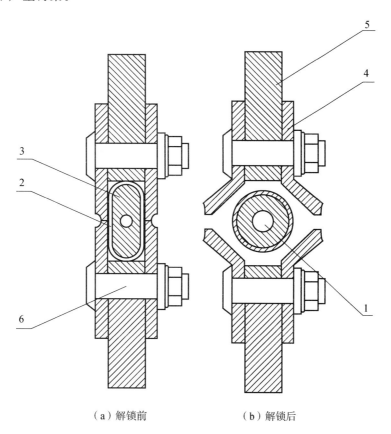

（a）解锁前　　　　　　　　（b）解锁后

图 4-30　膨胀管-凹槽板分离装置结构组成和工作原理
1—炸药索；2—扁平管；3—填充物；4—分离板；5—分离体；6—螺钉

4.10.2　性能参数

1）承载能力：内外分离板共同承担分离体的载荷，具有承载能力高的特点；

2）分离时间：在不考虑导爆索传爆时间的情况下，分离板的断裂时间小于 1 ms；

3）污染量：分离后，爆炸产物封闭在扁平管中，选择隔板起爆器，并在起爆器和扁平管之间选择密封垫圈，可以保证分离装置无污染。

4.10.3 装置设计

（1）炸药索

炸药索作为膨胀管-凹槽板分离装置的火工动力源，对其分离有着重大的影响。目前采用的炸药索内部装药为黑索金，外部为铅管，整体形状呈圆形。采用圆形的炸药索虽然能够满足分离的要求，但由于其相对直径较小，在膨胀管中安装位置处于扁平管最薄弱处，相应地对扁平管管壁的冲击较大，容易造成扁平管的破坏，因此在保证传爆可靠性的前提下炸药索也可设计为长方形。

（2）扁平管

扁平管在分离结构中的功能有两方面。

1）将炸药索爆轰的能量通过膨胀等形式传递给分离板，从削弱槽处撑断分离板实现分离功能；

2）将爆炸时产生的爆炸产物封闭在管内实现对污染的控制。

对扁平管的要求既要高效率地将爆炸能量传递给分离板，又要在爆炸瞬间有较大的强度裕度而不被破坏，而这两方面的要求实际上是矛盾的。

扁平管在具体的结构参数上有三方面设计内容：材料、壁厚和扁平尺寸。从工作机理看应尽量选择材质均匀且具有较高韧性的材料。扁平管的厚度直接影响传递效率，过厚的尺寸虽然使强度增加，但传递效率将大大降低，扁平管的厚度一般在 1 mm 左右。扁平管的长宽比大，虽然提高了传递效率但也大大降低了抗破坏的能力。

（3）填充物

填充物处于炸药索与扁平管之间，填充物起到对炸药索的支撑作用，同时还起着将爆轰能量向扁平管传递的作用，其结构形式和材料性能直接影响到炸药能量的使用效率。扁平管和填充物之间若留有一定的间隙，则间隙中的空气对炸药爆炸能量有明显的衰减作用，所以，填充物应尽可能地填满扁平管。

（4）分离板

分离板在分离前提供上、下两分离体的连接，保证一定的强度和刚度。在分离时其上的削弱槽被撑断，实现分离。从连接强度、刚度要求的角度考虑，分离板越厚越好；从分离角度考虑，分离板越薄越好。因此设计时，在满足强度、刚度要求的前提下，取最小的分离板厚度。此外分离板的材料性能及结构形式对承载和分离都有较大的影响，一般选铝合金材料，如 7A09，7A04 或 2A14 等。

（5）起爆设计

起爆采用冗余方式，即在导爆索的两端各装一个起爆器，两个起爆器同时起爆。这种冗余设计能提高分离的可靠性，即使一个起爆器失效，仍然可以实现分离，而且对分离特性不会造成影响。起爆器一般采用隔板起爆器，其密封性能应满足：在大于 80 MPa 的反向压力作用下不破坏、不泄漏。

4.10.4　使用要求

膨胀管-凹槽板分离装置适合用于级间横向分离、整流罩横向分离、星箭分离和上面级的分离等，膨胀管-凹槽板分离装置无污染、冲击小，在整流罩横向分离和上面级分离中优势明显，但是膨胀管-凹槽板分离装置和其他线性分离装置如导爆索分离装置和聚能切割索分离装置相比，占用的结构空间和结构质量较大。

膨胀管-凹槽板分离装置安装使用方面有以下要求。

1）在分离板的运动外侧须留出一定的空间，分离板沿削弱槽断开后会向连接螺钉两侧翻转，留出空间以确保分离过程不受外界阻力的干扰；

2）分离板和分离体之间的连接紧固件应明确拧紧力矩，并采取防松措施，如采用自锁螺母等；

3）分离板、分离体和扁平管之间的间隙尽可能小，更有利于分离。

4.10.5　应用实例

膨胀管-凹槽板分离装置在国外一些航天飞行器已经应用成功，如载人轨道试验站防护罩分离装置、三叉戟导弹三级发动机分离装置等。欧洲空间局阿里安 5 火箭在整流罩横向分离、星箭分离及级间分离也采用了此种分离技术。图 4-31～图 4-32 是国外一些航天飞行器上采用膨胀管分离装置的结构示意图。

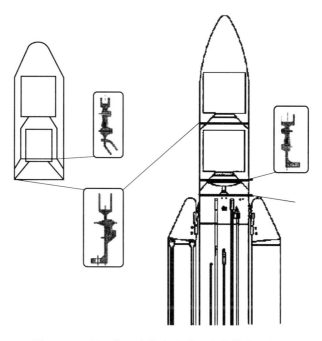

图 4-31　阿里安 5 火箭多处采用膨胀管分离装置

图 4-32　某航天飞行器的膨胀管分离装置[19]

国内航天飞行器中已采用了单面分离的膨胀管-凹槽板分离装置，如图 4-33 所示。分离板采用铝合金材料，分离面厚度在 2～3 mm，炸药索采用高能炸药。

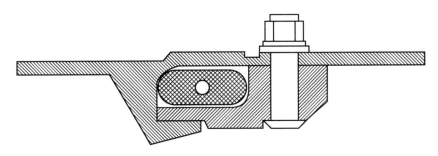

图 4-33　单面分离的膨胀管-凹槽板分离装置

4.11　膨胀管-凹口螺栓分离装置

4.11.1　组成及工作原理

膨胀管-凹口螺栓分离装置由异型导爆索、扁平管、凹口螺栓、对接桁和支架等组成，如图 4-34 所示。这种装置在整流罩分离中应用比较多，下面就以整流罩分离为例，说明其工作原理。

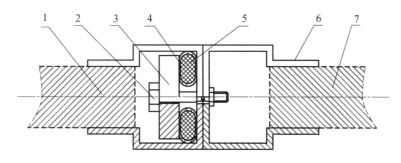

图4-34　膨胀管-凹口螺栓分离装置结构图

1—半罩Ⅰ；2—凹口螺栓；3—支架；4—扁平管；5—异型导爆索；6—对接桁；7—半罩Ⅱ

　　分离时，用起爆器引爆异型导爆索。异型导爆索起爆，爆炸产生冲击波和高温高压气体使扁平管迅速膨胀、扩张，进而推动支架运动，支架将作用力传给凹口螺栓并将其拉断，达到两半罩解锁的目的。爆炸产生的气体和碎片被封闭在扁平管内，不会污染卫星和火箭上的仪器设备。该解锁机构考虑了冗余设计，即在凹口螺栓的两侧各装一个扁平管和异型导爆索，只要任一个异型导爆索正常工作，就可以拉断凹口螺栓，完成解锁任务。解锁过程如图4-35所示。

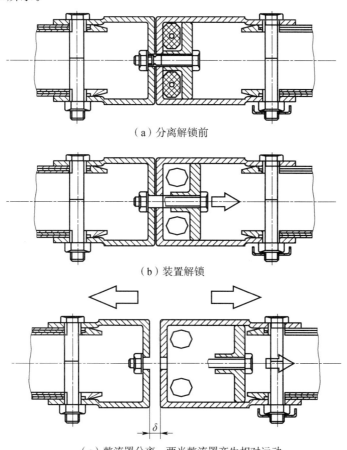

（a）分离解锁前

（b）装置解锁

（c）整流罩分离，两半整流罩产生相对运动

图4-35　解锁过程示意图

4.11.2 性能参数

膨胀管-凹口螺栓分离装置主要性能参数如下。

1）工作时间：从起爆器工作到所有凹口螺栓断裂的时间；

2）同步性：同一型膨胀管-凹口螺栓分离装置，不同产品之间工作时间的差别；

3）承载能力：分离装置承受内压、脉动外压等载荷的大小，一般要明确到每个凹口螺栓的拉伸破坏载荷；

4）线质量：分离装置单位长度的平均质量，一般以每米的质量表示（kg/m）。

4.11.3 装置设计

从原理上看，膨胀管-凹口螺栓分离装置的工作原理比较简单。但是，从研制过程来看，无论是凹口螺栓的尺寸、分布、关键型面的圆角大小、扁平管厚度、连接螺栓的尺寸和外形、铆钉的铆接方式及布局、结构减震与螺钉防松等结构设计参数均是十分复杂的，需要精细设计。

（1）凹口螺栓

凹口螺栓的材料可选择 30CrMnSiA 或者钛合金。钛合金具有静态延展性小，高速动态延展性增加量小的力学特点，这样易于解锁分离，同时钛合金具有比强度高、耐腐蚀性强等特性，日本 H-2 火箭纵向分离装置采用了钛合金凹口螺栓。

凹口螺栓采用预制削弱槽的方式，削弱槽中心正对分离面。工作时，从削弱槽处拉断，从而实现两个半罩的分离。

（2）对接桁

对接桁的作用有两方面。

1）作为分离装置的一部分，为扁平管的膨胀、凹口螺栓的拉断提供边界；

2）实现和整流罩两半罩的连接功能。

因此，对接桁除了满足接口协调要求外，和扁平管相接触的对接桁底部要具有一定的刚度，使得凹口螺栓拉断过程中产生的变形尽可能小，一般对接桁采用铝合金型材，并根据弯曲成型要求采用不同的热处理状态。

（3）扁平管

扁平管需要选择合适的壁厚和短轴高度。如果扁平管壁厚太厚，则不易正常膨胀分离，并且会使导爆索的药量变大，分离冲击变大，效率变低；但如果扁平管太薄，则在加工和分离时，均容易出现裂纹，从而影响装置的密封性，工作后会产生气体泄露，污染卫星和箭上仪器设备。因此，压制前的不锈钢管需要选择合适的厚度，目前，常用的扁平管厚度范围为 0.85～1.0 mm。此外扁平管均由不锈钢管压制而成，需要形成一套有效的加工和弯曲方法，使扁平管的外形尺寸满足要求。另外，还需对成型后的扁平管进行无损检测，检查是否存在缺陷。无损检测包括超声导波和涡流检测。

（4）对接桁与凹口螺栓间的刚度匹配

对接桁与凹口螺栓之间的刚度匹配，直接决定了爆炸冲击的能量利用效率，因此设计时须考虑对对接桁的刚度影响，使爆炸能量更多地传递到凹口螺栓上，而不是用于对接桁的变形。设计上可以采取铆接钢板或者增加对接面厚度的形式来增强对接桁的刚度。

（5）异型导爆索

分离装置中要求导爆索采用冗余设计，即其中一根导爆索工作便可实现整流罩纵向可靠分离。

导爆索由铅管导爆索和聚乙烯包覆层组成，截面形状及尺寸见图 4－36。在保证性能的前提下，应使 a 最小，b 最大，b 尺寸应保证导爆索具有足够强度。导爆索爆速不低于 7 000 m/s。此外，导爆索须进行无损检测。包覆前铅管炸药索须经工业 CT 检查，合格后方可进行包覆。另外，导爆索需要具备防静电、防射频干扰等功能。

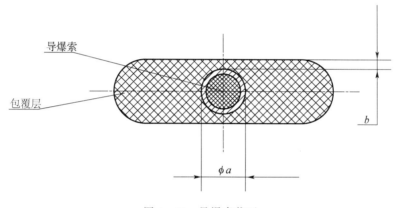

图 4－36　导爆索截面

（6）起爆设计

起爆导爆索采用冗余设计，即在导爆索的两端各装一个起爆器，这种冗余设计可提高分离的可靠性，即使一个起爆器失效，仍然可以实现分离，而且对分离特性不会造成影响。要求起爆器工作后在一定的压力下不泄漏。

4.11.4　使用要求

使用操作中，膨胀管-凹口螺栓分离装置首先应组装完毕并满足要求后，再实现与整流罩半罩的连接。在安装时，解锁装置通过对接桁和连接螺栓，实现与整流罩壳体的连接。与整流罩的一个半罩连接好后，再进行整流罩对接。对接后，将连接螺栓拧到壳体上提前铆接好的托板螺母里，实现整流罩纵向解锁装置与两个半罩的连接，从而将整流罩合罩。

膨胀管-凹口螺栓分离装置适用于整流罩纵向分离，根据整流罩外形尺寸不同，仅须调整其内部各个零组件的长度、外形和凹口螺栓的排布即可，凹口螺栓一般均匀分布。

4.11.5　应用实例

膨胀管-凹口螺栓分离装置，一般运用在整流罩纵向分离上，目前，某些运载火箭均采用这种分离装置。

整流罩纵向解锁装置参与整罩分离试验的实物照片见图 4-37。

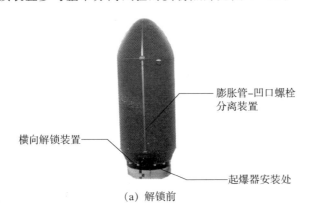

（a）解锁前

（b）解锁后

图 4-37　整流罩分离试验

4.12　气囊分离装置

4.12.1　组成及工作原理

气囊分离装置将解锁机构与分开机构合二为一，完成解锁与分开两种功能。不产生烟雾和碎片，具有无污染性和高可靠性。这种连接装置由 U 型接头、槽型接头、导爆索、内衰减管、外衰减管、气囊、封头、起爆器等组成，见图 4-38。

以整流罩分离为例，该分离装置连接、解锁、分离原理如图 4-39 所示。U 型接头、槽型接头分别与两个半罩相连（实际上是两个半罩结构的组成部分），两个半罩通过 U 型接头和槽型接头实现对接，对接后用连接铆钉将两个接头连接起来，两个接头之间形成气缸似的空腔，空腔内安放折叠的气囊，气囊中的圆槽内铺设套装在一起的两根衰减管，柔性导爆索放在内衰减管里面，内、外衰减管管壁上有许多排气孔。起爆器将导爆索引爆，生成的高温、高压燃气经过内衰减管壁上的排气孔，减压降温后进入内、外衰减管之间的间隙中，然后经过外衰减管壁上的排气孔，再一次减压降温后进入气囊，燃气使气囊膨胀，气囊产生的压力作用在 U 型接头和槽型接头上，剪断连接铆钉，将两个对接接头推离开，实现两半罩的解锁、平推分离。气囊为密闭结构，导爆索燃烧产生的固体微粒和残余燃气集聚在气囊、衰减管内，不溢出，避免污染整流罩内其他产品。

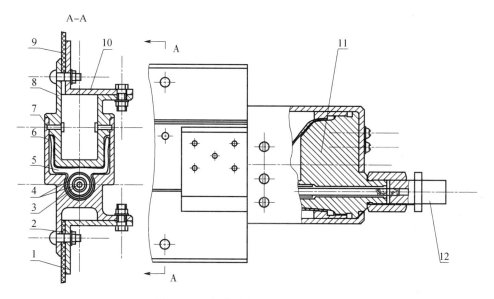

图 4 - 38　气囊分离装置结构示意图

1—半罩边框；2—蒙皮；3—导爆索；4—内外衰减管；5—气囊；6—槽型接头；7—连接铆钉；
8—U 型接头；9—蒙皮；10—另一半罩边框；11—封头；12—起爆器

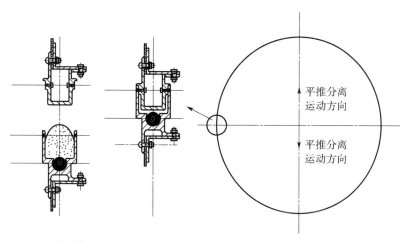

（a）分离后状态　　（b）分离前状态　　　（c）平推分离运动方向

图 4 - 39　气囊分离装置整流罩连接、解锁及分离示意图

4.12.2　性能参数

气囊分离装置主要性能参数包括结构质量、输出功、承载能力等。

1）结构质量：连接装置的质量。

2）输出功：连接装置工作后对外做功的大小，一般用单位长度试验件工作后做功大小表示（单位 J/m）。

3）承载能力：连接装置承受拉、压等载荷的能力。

4.12.3　装置设计

从原理上看，气囊分离方案并不复杂，但是，确定整流罩半罩动态特性、对接接头的尺寸、导爆索的药量、衰减管的直径和厚度、排气孔的数量和大小、气囊的尺寸以及铆钉的数量、材料等设计参数是十分复杂的，相互间需要协调设计。

（1）整流罩半罩动态特性设计

在连接装置其他结构要素确定的情况下，整流罩半罩的动态特性将直接影响到整流罩平推分离的结果，分离时所需要的速度和姿态、平推分离过程中是否与有效载荷发生碰撞，将取决于半罩的动态特性。整流罩半罩的动态特性取决于半罩的质量分布和刚度。对于薄壁加硬壳结构的整流罩，其半罩的刚度较低，特别是环向、扭转刚度，在分离过程中半罩环向会出现明显的张开-合上振荡运动现象，该运动会消耗分离能量，同时增加与有效载荷发生碰撞的概率。但刚度的增加往往会引起质量的增加和质心位置的变化，因而如何协调好这三者的关系，使整流罩半罩有一个很好的分离动态特性，是整流罩结构设计的技术关键和难点。可运用有限元分析软件，模拟不同刚度条件下整流罩的分离，确定具有最佳分离动态特性的整流罩设计方案，并通过整流罩分离试验进行验证。

（2）对接接头

U 型接头、槽型接头一般用铝合金或镁合金的挤压型材制成，其结构可根据载荷、推力行程、气囊（内外衰减管）装配、整流罩与弹体对接、型材制造工艺等因素进行设计。U 型接头、槽型接头在连接铆钉安装处一般采用斜面配合，这有利于安装和分离。在整流罩与弹体对接采用整体吊装情况下可采用图 4 - 38 所示的结构，分体吊装情况下可采用图 4 - 40 所示的结构。

（3）气囊

气囊可用玻璃布、涤纶或芳纶编织而成，内表面涂胶或硅酮，使其具有一定抗内压和密封的能力，具体要求应根据导爆索工作压力、污染性要求确定。其直径应与 U 型接头深入槽型接头之间的深度、导爆索装药等进行协调设计。

气囊耐压强度和气密性能一般采用水压进行试验。在产品交付时按比例抽取一定数量的产品进行水压试验，装配后在导爆索安装前应进行气密检查（充气压、测压降）。

由于气囊内表面为胶层，且在装配后处于折叠状态，应考虑该状态下的贮存性能。

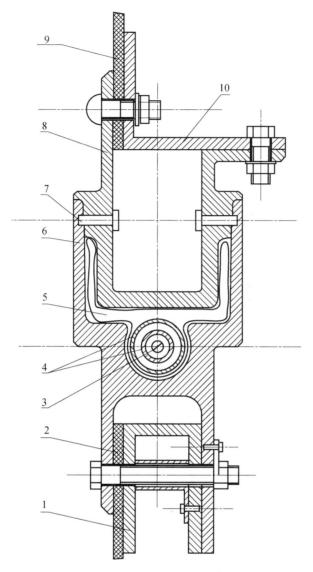

图 4-40　整流罩分体吊装状态下连接接头结构示意图

1—半罩边框；2—蒙皮；3—导爆索；4—内外衰减管；5—气囊；6—槽型接头；

7—连接铆钉；8—U 型接头；9—蒙皮；10—另一半罩边框

（4）衰减管

导爆索起爆瞬间会产生高温、高压的爆轰压力，如果该爆轰压力直接作用在气囊上，气囊将被破坏，整个装置的输出性能和密封性能将受影响，因此，必须设置衰减管，将爆轰气体降压、降温成平稳的气流作用在气囊上。衰减管一般用不锈钢、聚氨酯、氯丁橡胶等制造，两衰减管同心安装，其上的排气孔错开一定的角度，两衰减管之间应设有定位结构。衰减管上的排气孔大小、间距、位置等参数对装置的分离力大小、合力作用点等影响很大，通过调整内外衰减管壁上的排气孔参数，可以调整整流罩分离姿态、速度等，如图

4-41 所示。

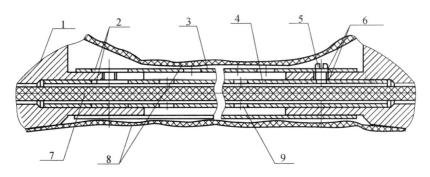

图 4-41　内外衰减管结构及装配示意图

1—气囊封头；2—长圆孔；3—外衰减管；4—内衰减管；5—定位螺钉；
6—定位圆孔；7—导爆索；8—气囊；9—排气孔

此外，内外衰减管为两头固定、中间悬空状态，应考虑其对振动、冲击等环境的适应能力，必要时增加辅助的支撑结构。

（5）连接铆钉

在设计对接接头的连接铆钉时，如果选取铆钉数量太多，解锁时剪断铆钉消耗的能量太大，影响分离速度；如果选取铆钉数量太少，影响结构强度，因此应对两者进行协调设计。此外，在进行强度计算时，特别需要注意在锥-柱段对接面处轴压载荷的径向分力对铆钉的作用，而且在计算、静力试验时应注意弯矩载荷方向，不同的加载方向其承载能力有明显的区别。

（6）导爆索

采用无污染导爆索分离方案的有效载荷整流罩，一般用一根导爆索贯穿在两个纵向对接面上，上端无对接接头的球面处，可用钢管或橡胶管桥式过渡，过渡接口处应保证密封，整个结构类似于门拱形。导爆索类型以柔性为佳，爆速一般要求大于 7 000 m/s，压力峰值不宜过高，作用时间宜稍长。导爆索药量的大小能够影响分离速度，但两者并不成比例关系，跟衰减管的结构关系密切，一般采用经验和试验相结合的方法确定药量，其分离裕度应满足相关标准的要求。试验可根据分离所需的能量，采用平板试验件进行摸索试验，试验时平板试验件需连接配重，配重质量根据平板试验件长度对应的整流罩质量确定。

（7）起爆设计

起爆方式采用冗余设计，即在导爆索的两端各装一个起爆器，两个起爆器同时点火，这种冗余设计可提高分离的可靠性，即使一个起爆器失效，另外一个起爆器正常工作仍然可以将导爆索引爆实现分离。起爆器一般采用电隔板起爆器，在 80 MPa 以上的内压下要求不泄漏。

（8）其他

除上述各参数设计要求外，在进行整流罩整罩分离试验时，必须考虑实际飞行分离时刻外界大气压与地面分离试验外界大气压之间的差别，因此采用气囊分离装置的整流罩地面分离试验建议在真空罐内进行。

4.12.4　使用要求

气囊分离装置主要使用要求如下。

1）气囊装配后应进行气密检查，确保连接装置工作后不漏气。

2）使用温度应在气囊、导爆索允许的温度范围内，具体温度范围根据试验结果确定。

3）导爆索装配时牵引力不应超过 59 kN，以免造成导爆索的损伤。

4）导爆索装配后应处于松弛状态（非拉紧），松弛量与槽型接头、内外衰减管等结构热胀冷缩引起的长度变化对应。

4.12.5　应用实例

气囊分离装置是 1964 年美国道格拉斯公司首次推出的，并应用于航天飞行器整流罩纵向平推分离过程；目前，国内已成功应用于某运载火箭的整流罩纵向分离过程，其单位长度的质量约为 7 kg/m，输出功约 1 000 J/m。

气囊分离装置与整流罩安装对接后实例照片见图 4 - 42 和图 4 - 43。

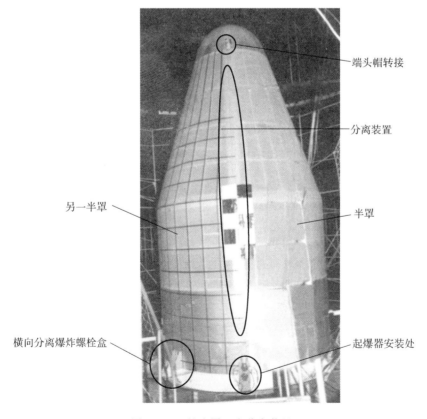

图 4 - 42　整流罩（含分离装置）

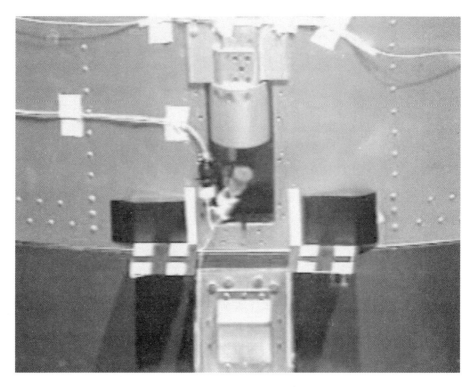

图 4 - 43　起爆器安装处局部图

4.13　机械锁连接装置

机械锁连接装置是由很多单锁组成的，每一把单锁是点式连接，很多单锁的连接则构成了近似的线性连接。所有的单锁在同一个火工作动装置带动下，同时解锁。该装置具有高可靠、低冲击、可设计性好的特点，同时，由于其连接性能好，非常适用于对连接后有较高强度和刚度要求的分离体。

4.13.1　组成及工作原理

机械锁连接装置具有高可靠、低冲击、设计性好的特点，其内的每把单锁由摇臂、拉杆、锁柄、锁杆、弹簧和锁座组成，如图 4 - 44 所示。

解锁过程是：用火工作动装置（见 5.2 节）使拉杆运动，摇臂 1 在拉杆的带动下顺时针转动，转到一定角度后摇臂 1、锁柄 3 间的约束解除，弹簧 5 及预紧力对锁杆 4 有向上的作用力，带动锁柄 3 顺时针转动，在一定位置时解除锁杆 4 与锁柄 3、锁座 6 间的约束，在弹簧 5 推力的作用下，锁杆 4 向上运动，实现 A，B 被连接件的分离。完整的解锁系统由多个单锁串连来实现分离面的连接和同步解锁。典型的解锁过程如图 4 - 45 所示。

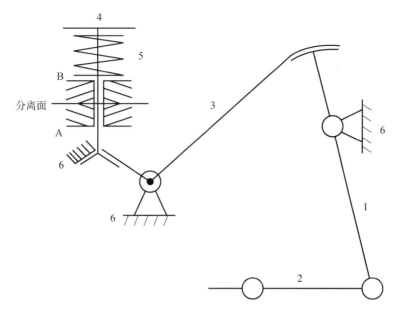

图 4 - 44　机械锁连接装置原理图（A，B 为连接件）

1—摇臂；2—拉杆；3—锁柄；4—锁杆；5—弹簧；6—锁座；

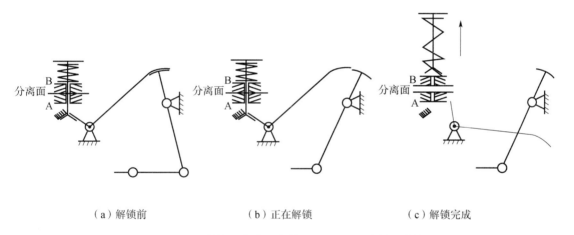

（a）解锁前　　　　　　　　（b）正在解锁　　　　　　　（c）解锁完成

图 4 - 45　机械锁连接装置解锁过程（A，B 为被连接件）

4.13.2　性能参数

1）解锁时间：解锁时间是从解锁指令发出后到解锁完成所经历的时间。机械锁解锁时间一般在 100 ms 以内。

2）解锁同步性：两套机械锁连接装置在各自作动源同时驱动下，所有锁钩解锁完成的一致性。解锁同步性一般不超过 30 ms。

3）温度适应性：锁钩能够正常有效工作的温湿度环境。锁钩工作环境温度一般在 −40～50℃，湿度一般小于 80%。

4.13.3　装置设计

（1）确定设计参数

机械锁连接装置的主要设计参数见图 4 - 46。各设计参数定义见表 4 - 3。

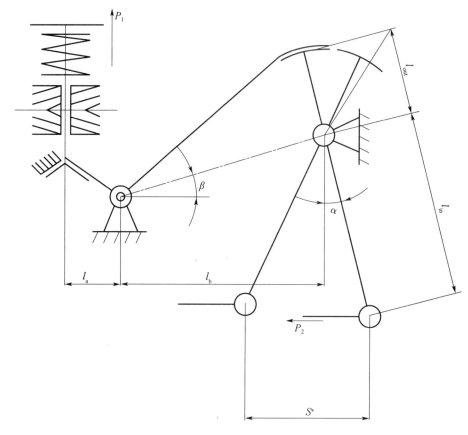

图 4 - 46　机械锁连接装置机构简图及设计参数

表 4 - 3　机械锁连接装置设计参数表

序号	参数	定义	序号	参数	定义
1	S^*	解锁距离	6	l_{in}	摇臂输入端长度
2	α	摇臂初始角	7	l_{out}	摇臂输出端长度
3	β	锁柄摇臂中心线与水平面夹角	8	P_1	承载力
4	l_a	中心距1	9	P_2	最小解锁力
5	l_b	中心距2	10	f	锁柄与摇臂间摩擦系数

参数确定过程：通过对使用部位的载荷分析，确定锁的承载力 P_1，通过对锁安装空间的限制及要求确定合理的零件几何外形尺寸，再通过对解锁动力元件（拉式火工作动筒或拉簧组）能提供的拉力确定出合理的杠杆尺寸 l_a，l_b，l_{in}，l_{out} 和夹角 α，β，从而确定出所需的解锁拉力 P_2，通过确定出的解锁力和解锁距离 S^* 来提出解锁动力元件的额定拉力

及行程。这样就确定了机构设计的主要设计参数，再通过结构优化的方法对这些参数进行详细优化，从而最终确定出一组合理的、优化的设计参数。

（2）机构传动比 k 及 P_1-P_2 关系

由机构解锁原理可知，通过两次杠杆作用，将作用在锁杆上的连接力 P_1 转化为较小的解锁力 P_2。锁杆上的连接力是由对接面的载荷及预紧力产生的，一般有几十至几百千牛，而解锁力一般由拉式火工作动筒或拉簧组提供，为保证可靠解锁，要求机构的解锁阻力不能太大。为此，需选取合理的传动比，以确保在一定的解锁力下能完全克服解锁阻力，可靠解锁。

由图 4－46 可推导出最小解锁力 P_2 与锁杆承载能力 P_1 的关系为

$$P_2 = P_1 \cdot \frac{l_a}{l_b} \cdot \frac{l_{out}}{l_{in}} \cdot \frac{\cos \beta}{\cos \alpha \cos (\beta-\alpha)} \cdot f = k \cdot P_1 \qquad (4-1)$$

定义 k 为机构传动比，且有

$$k = \frac{l_a}{l_b} \cdot \frac{l_{out}}{l_{in}} \cdot \frac{\cos \beta}{\cos \alpha \cos (\beta-\alpha)} \cdot f \qquad (4-2)$$

k 的取值范围一般在 $0.001 \sim 0.002$。

（3）锁的系列化设计

这种结构方案具有很高的可靠性，而且通过改变结构参数很容易设计出适合不同使用载荷和解锁力要求的方案，具有很好的可设计性。为满足不同航天飞行器、不同载荷的使用要求，需要对机构进行系列化设计。

4.13.4　使用要求

由于机械锁连接装置一般是由多套串连在一起，通过特定的驱动装置来解锁，因此从使用上一般有如下要求。

解锁时间由驱动装置工作时间和机械锁连接装置动作时间决定。连接装置的动作时间主要由弹簧刚度和锁杆质量决定。因此需要选择合理的弹簧刚度和锁杆质量。

在解锁系统装配后，需要进行同步性调整，确保各套装置在一定要求的时间范围内全部解锁，使解锁同步性满足要求。

机械锁连接装置在使用过程中，环境温度会导致机构内部的间隙变化，影响到机构的顺畅解锁，甚至影响到解锁性能，因此需要进行温度适应性分析及试验，确定机构内部合理的装配间隙，确保在使用温度变化范围内的可靠性。

4.13.5　应用实例

机械锁连接装置已成功应用到俄罗斯联盟号火箭整流罩的纵向连接和解锁。如图 4－47所示。

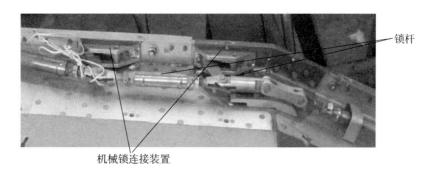

图 4 - 47　整流罩上用机械锁连接装置

4.14　包带解锁装置

包带解锁装置是一种点式分离与线性分离相结合的火工分离装置，它利用点式分离装置（如爆炸螺栓）或火工作动装置（如切割器）工作，实现两分离体的线性解锁。

4.14.1　组成及工作原理

包带解锁装置一般由包带、解锁火工品（如爆炸螺栓）、V 形块以及拉簧、限位簧等组成，如图 4 - 48 所示。

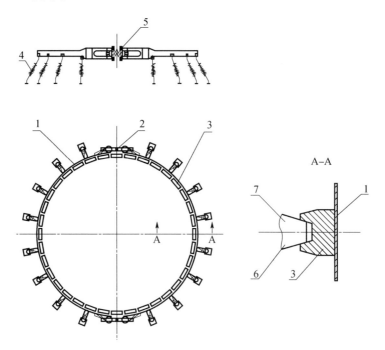

图 4 - 48　包带解锁装置结构示意图

1—包带；2—解锁火工品；3—V 形块；4—拉簧；5—限位簧；6—分离体（下）；7—分离体（上）

使用时，通过加力装置同时给两条包带施加张力，使包带预紧力达到使用要求，从而使 V 形块将两分离体（如卫星和火箭）的对接框紧紧地压在一起，成为一个整体。两分离体需要分离时，解锁火工品（如爆炸螺栓）起爆断裂，包带被松开，对接框能量释放，V 形块从对接框上滑脱，这样就解除两分离体之间的约束，在预紧力的作用下，两分离体相对运动实现分离。包带在限位簧及拉簧的约束下，向分离体的一方运动，并最后系留在一个分离体上。

4.14.2　性能参数

1）分离时间：从解锁火工品工作到包带离开分离面的时间。
2）包带承载能力：包带解锁装置承受轴压、弯矩、剪力等载荷的大小。
3）解锁火工品承载能力：解锁火工品承受拉力载荷的大小。

4.14.3　装置设计

（1）包带
包带的功能是通过施加预紧力实现两分离体的连接，解锁火工品起爆后实现分离体的分离。一般选用超高强度钢带材，也可以采用钛合金带材。结构尺寸参数与分离体的质量有关，分离体的质量越大，包带的宽度和厚度尺寸越大。包带解锁装置一般由 2～3 条包带组成，端头位置安装解锁火工品。

（2）V 形块
V 形块的功能是传递包带的预紧力从而实现两分离体间的连接，为保证对接框处的刚度连续，材料一般与两分离体对接框的材料相同。V 形块的剖面设计应与对接框尺寸及要求相协调，同一包带上的 V 形块一般由一个整框加工而成，靠近包带端头位置的 V 形块可根据载荷要求适当加长。V 形块通过螺钉与包带相连接。

（3）限位簧
限位簧的功能是解锁火工品起爆后，保持包带仍然串联在一起，而且限制包带的张开量，保证包带不会碰到卫星或飞船。一般由一根直簧和一根"Λ"形弹簧构成一组。材料选用碳钢普通弹簧圆钢丝。

（4）拉簧
拉簧的功能是解锁火工品工作后，使包带尽快地离开分离面，一般选用普通弹簧钢丝。由于包带端头位置较其他位置的质量大，因此该位置的拉簧力要较其他位置的拉簧力更大。

（5）解锁火工品
解锁火工品的功能是实现包带的解锁，从而实现两分离体的分离。一般要求解锁火工品在起爆工作后无污染，无多余物产生。解锁火工品的尺寸参数应与包带端头位置相协调。目前常用的解锁火工品有爆炸螺栓和切割器，爆炸螺栓可以考虑从已有的系列产品中选用。

4.14.4　使用要求

包带解锁装置的使用要求如下。

1）包带解锁装置使用前应放在专用的包装箱中，存放在干燥的库房里。

2）包带解锁装置安装使用时须先对零组件表面进行清洁处理，对分离火工品进行检查，对两分离体的对接面进行清洁和检查。

3）由一个整框加工而成的 V 形块，安装时在每个 V 形块的同一个端面上（上端面或者下端面，整环状态时）作相同标记，组装时标记应在同一个平面上。

4）对包带施加预紧力要逐级加载，保证各条包带加载的同步性和均匀性。

4.14.5　应用实例

目前我国长征系列运载火箭使用的包带解锁装置接口规格主要有：660，1194，1194A，2800。

660 包带解锁装置接口规格为 660，两分离体对接框处外径为 Φ660 mm，由两条包带、V 形块、拉簧、限位簧、两个爆炸螺栓组成。包带材料为冷轧钢带，包带最大预紧力为 11.5 kN。

1194/1194A 包带解锁装置接口规格为 1194/1194A，两分离体对接框处外径为 Φ1 215 mm，由两条包带、V 形块、拉簧、限位簧、两个爆炸螺栓（1194A 采用爆炸螺栓或切割器）组成。包带材料为冷轧钢带，包带最大预紧力为 27 kN（1194A 采用切割器时为 28 kN）。

2800 包带解锁装置接口规格为 2800，两分离体对接框处外径为 Φ2 800 mm，由两条包带、V 形块、拉簧、限位簧、定位块、两个爆炸螺栓组成。包带材料为冷轧钢带，包带最大预紧力为 52 kN。

典型的包带解锁装置如图 4 - 49 所示。

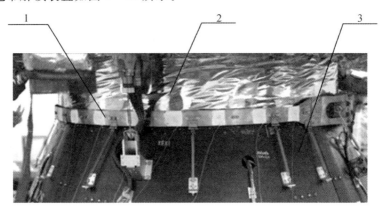

图 4 - 49　典型包带解锁装置图
1—包带解锁装置；2—分离体（上）；3—分离体（下）

第5章　动力作动装置

5.1　概述

动力作动装置是一类对外作功的装置，其工作时对物体作功，并使物体具有一定的线速度或角速度。这类装置包括：火工作动筒、固体小火箭、气体发生器和分离抛撒装置等，广泛用于航天飞行器的弹射、分离、抛撒、机构展开、线缆切割等方面。

火工作动筒根据功能的不同可分为行程式作动筒和切刀式作动器（切割器），其工作原理类似于活塞-活塞筒，利用火药燃烧产生的高温高压燃气作功，推动活塞杆或切刀向前运动，在规定的时间内完成对目标物的推动、切割等功能，其特点是输入能量小、作用迅速、冲击力小、输出能量稳定、不对外界产生污染、可靠性高、体积小、便于储存等。

固体小火箭按用途主要分为分离火箭和慢旋火箭两大类。分离火箭工作时提供推力，慢旋火箭工作时提供力矩。固体小火箭具有结构简单、冲量大、使用方便等特点，用于火箭、导弹、卫星和飞船等航天飞行器的级间分离正（反）推、整流罩分离、星箭起旋、筒盖侧推、弹头姿态调整和控制等。

气体发生器是利用火药燃烧产生的高温高压气体来完成功能的火工装置，它与固体小火箭的区别是工作时不需要产生推力或力矩，只需要有气体输出。这类装置可以用较小体积的装药，产生大量的燃气，现已应用于空腔补气、导弹弹射、涡轮启动等方面。

分离抛撒装置是利用装置内部装药工作，推动多个物体运动，这类装置主要用于子母弹的分离释放。由于子弹的抛撒要求不同，采取的抛撒方式也不同，常用的分离抛撒装置包括爆炸式抛撒装置、气囊式抛撒装置、波纹管式抛撒装置以及活塞式抛撒装置等。

5.2　行程式作动筒

行程式作动筒也称推冲器，是利用火药燃烧产生的高温高压燃气推动活塞运动，活塞带动被驱动的机构执行特定动作的火工装置，一般用于火箭和导弹的级间分离、整流罩分离、弹翼及舵面展开等方面。

5.2.1　组成及工作原理

行程式作动筒分为推式作动筒和拉式作动筒，一般由装药、作动筒本体、活塞杆、连接接头等部分组成，如图5-1所示。

行程式作动筒的工作原理为：用点火器引燃主装药，主装药产生高温高压气体推动活塞杆运动。

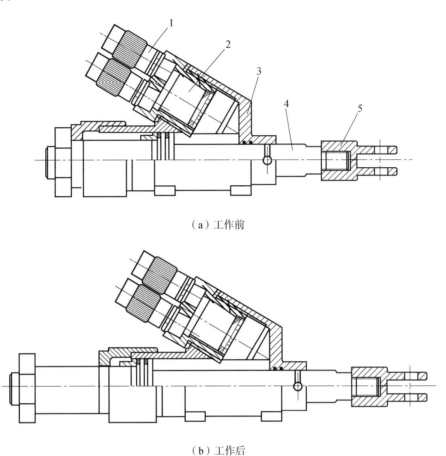

（a）工作前

（b）工作后

图 5－1   行程式作动筒组成及工作原理图

1—点火器；2—装药；3—作动筒本体；4—活塞杆；5—连接接头

5.2.2   性能参数

行程式作动筒主要性能参数如下。

1）最大行程：即行程式作动筒活塞在燃气作用下移动的最大位移。

2）平均驱动力：在标准测试条件下（在规定的容积或负载下发火），作动筒发火过程中燃气腔内压力均值换算的驱动力或直接测得的驱动力均值。

3）最大驱动力：在标准测试条件下（在规定的容积或负载下发火），作动筒发火过程中燃气腔内压力峰值换算的驱动力或直接测得的驱动力峰值。

4）工作时间：即行程式作动筒从内部建压到活塞到位的时间，一般为几十毫秒。

5）不同步性：多个作动筒协同工作时，各作动筒间的工作时间偏差。

6）到达最大驱动力的时间：行程式作动筒从内部建压到活塞运动达到最大驱动力的时间。

5.2.3　装置设计

决定行程式作动筒输出特性的主要是作动筒的结构和装药。设计结构强度和刚度时，在满足最大峰值压力下仍有较大的裕度；为满足驱动力及工作时间的要求，需要选择合适的装药类型及装药量。作动筒的结构设计属常规设计范畴，本节主要介绍装药设计和密封设计。

（1）装药设计

装药作为行程式作动筒的推冲能源，是影响其工作性能的主要因素之一。装药通过燃烧释放出化学能，产生大量高温高压气体，推动活塞杆向前运动而作功，腔内气体的压力是其作功的关键。它的变化过程是：火药燃烧，释放出大量的气体使腔内压力升高；活塞杆向前运动，腔内容积增加，使腔内压力下降。在火药燃烧前期，气体的释放速度大于活塞杆的运动速度，所以容腔内的压力升高；而在火药燃烧后期，气体的释放速度低于活塞杆的运动速度，腔内压力下降，尤其是火药燃烧结束后，腔内压力下降更快。如果采用炸药或者普通制式的火药，由于火药燃烧速度非常快，活塞杆来不及响应，其腔内压力-行程曲线的初始阶段往往出现一个较陡的峰，使得活塞杆瞬间获得较高的速度并撞击负载，这样会导致整个结构冲击响应较大。如果能使腔内压力-行程曲线在最大压力处能保持一段时间，形成所谓的"平台现象"，让火药继续燃烧使得活塞杆持续推动负载运动一段时间，这就要求火药燃烧时的气体生成量是逐渐增加的，尤其是在最大压力后，火药气体要大量生成，以补偿由于腔内容积增加而引起的压力下降，这样不仅能有效降低冲击响应且能使活塞杆冲程达到预定位置。

火药通过燃烧反应释放能量来完成推动活塞杆的作功过程，燃烧气体生成速率及变化规律决定能量的释放过程，是影响火药装药有效能量利用率的关键。火药装药的燃烧气体变化规律主要由火药的燃烧速率和燃烧面积决定，因此需要对火药的燃烧过程进行必要的调节和控制，使燃气的生成速率与腔内空间的增长速率相匹配。行程式作动筒装药通常采用混合点火药、发射药、弱起爆药等，如使用氯酸钾、硫氰酸铅和铬酸铅组成的混合药，经硝基漆调均后灌注到发火管内。

当点火器点火后产生的燃烧气体作用到活塞杆端面时，先克服阻力，再推动活塞杆向前运动。活塞杆端面受到的启动压力 F 应大于或等于各种阻力之和。即

$$F \geqslant \sum F_{阻} \tag{5-1}$$

在密闭药室，药剂燃烧产生的能量一部分消耗在管壁上，一部分损失在残渣中，而推动活塞杆作功的能量约占药剂释放能量的 30%～40%（近似取 35%），所以，药剂燃烧放出的能量作用到活塞杆端面产生的压强为

$$P_m = \frac{FS}{0.35} \tag{5-2}$$

式中　S——活塞杆端面与燃气的接触面积。

P_m 即为可靠作功所需的压强值。定容条件下，火药燃烧产生的最大压强为

$$P_\mathrm{m} = \frac{f\rho}{1-\alpha\rho}$$

式中　f——装药的火药力；

　　　ρ——装药的装填密度；

　　　α——余容。

联合式（5-2），可得到装药的装填密度 ρ，则装药量为

$$W = \rho V$$

式中　V——药室体积。

（2）密封设计

行程式作动筒的输出特性很大程度上取决于作动筒的密封性。密封失效将使行程式作动筒输出推力或输出速度下降，活塞杆冲程不能完全释放，从而导致装置不可靠。所以，发火后，行程式作动筒活塞杆与筒体之间的运动密封必须可靠。通常采用橡胶 O 形密封圈予以保证。由于发火瞬间产生的压力值极高，所以，应尽可能地增大橡胶 O 形密封圈的压缩量。橡胶 O 形圈的设计主要应考虑它的压缩率，通常，压缩率 η 可用下式表示

$$\eta = \frac{d_2 - h}{d_2} \times 100\% \tag{5-3}$$

式中　d_2——橡胶 O 形圈自由状态下的截面直径（mm）；

　　　h——密封沟槽底至被密封表面的距离，即橡胶 O 形圈压缩后的截面高度（mm）。

橡胶 O 形圈压缩率的选取应考虑密封面有足够的接触压力、尽量小的摩擦力和永久变形。对普通橡胶，当压缩率大于 40% 时，在高温下容易产生较大的永久变形，所以压缩率值尽量小一些。但是压缩率过小，而安装部分不同心度又较大时，就会出现局部范围内没有压缩量而引起泄露。因此，正确选取橡胶 O 形圈的压缩率，对确保密封性能和使用寿命至关重要。通常，对圆柱面静密封和往复运动密封取 η 为 10%～15%。

除了在活塞杆与筒体之间必须采取可靠的运动密封外，整个非运动组件在高压燃气下不应对外发生泄露。通常产生泄露的原因为橡胶 O 形圈受燃气压力作用变形和形成紧密密封之前存在一个时间间隔，此时，燃气可以绕过橡胶 O 形圈而进入活塞另一端，从而向外泄漏燃气，这可以通过在活塞末端橡胶 O 形圈设置挡焰环予以解决。

5.2.4　使用要求

行程式作动筒在使用上除须遵守火工品的相关规定外，一般还应注意如下情况。

1）行程式作动筒中设置剪切销一般是用于工作前的防意外运动，因此在与负载结构安装过程中，要避免剪切销受工作方向上的外力。

2）使用行程式作动筒时，尽可能使负载力线与活塞杆同轴，避免在工作过程中对活塞杆产生横向力，较大的横向力会导致活塞杆弯曲而影响其运动及装置的密封性。

5.2.5 应用实例

行程式作动筒典型应用于某运载火箭整流罩上，用于驱动机械锁连接装置（见 4.13 节）解锁的拉式作动筒和下支撑机构锁紧的推式作动筒。如图 5-2、图 5-3 所示。

图 5-2 拉式作动筒

图 5-3 推式作动筒

其中拉式作动筒的主要性能参数如下。

1）作动筒工作行程：（45±1）mm；

2）作动筒点火前活塞杆连接承载能力：受拉状态下不小于 10 kN，受压状态下不小于 1 kN；

3）点火后活塞杆行程到位后的自锁能力：自锁力不小于 10 kN；

4）带负载时，工作时间不大于 60 ms；

5）拉式作动筒工作时最大拉力为（25±3.75）kN，平均拉力为（15±2.25）kN；

6）工作时输出的拉力-时间及拉力-位移两条曲线如图 5-4 所示。

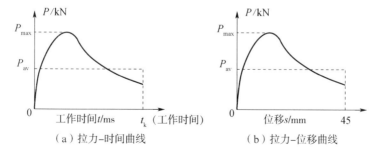

（a）拉力-时间曲线　　　　　（b）拉力-位移曲线

图 5-4 拉式作动筒工作时输出性能示意

5.3 切刀式作动器

切刀式作动器一般也称切割器,与行程式作动筒相比,其活塞杆的前端做成切刀形状,主要用于卫星的包带解锁,切断各种电缆、线绳或连接杆件等方面。

5.3.1 组成及工作原理

切刀式作动器由壳体、装药、切刀、锁紧螺套和固线插等组成,如图 5-5 所示。

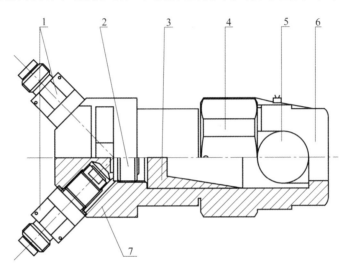

图 5-5 切刀式作动器组成结构图

1—点火器;2—装药;3—切刀;4—锁紧螺套;5—线孔;6—固线插;7—壳体

切刀式作动器工作原理为:点火器点燃装药,装药产生高温高压燃气推动切刀运动,将穿入线孔的物体切断。切割器工作完成后,燃气完全密封在腔内,不会产生多余物。

根据被切割物体材质的不同,切割器的切刀可采用一字型切刀或环形切刀;根据被切割物体与切割器安装要求的不同,切割器分为整体式和分体式。整体式切割器的固线插与壳体作为一体,物体从线孔穿入,多用于形状规则和直径一致的被切割物;分体式切割器的固线插与壳体可分离,多用于形状不规则或直径不一致的被切割物。

5.3.2 性能参数

切刀式作动器的主要性能参数如下。

1)工作时间:切割器从点火到切断物体的时间;

2)切割能力:一般以切割物体的材料和大小表示,例如:能切断直径 8 mm 的不锈钢棒。

5.3.3　装置设计

（1）装药设计

装药作为切刀式作动器的推动能源，是影响其工作性能的主要因素之一。装药点燃后，产生的高温高压燃气作用在切刀端面，推动切刀快速切断物体。切刀端面受到的压力 F 应大于切刀运动与壳体内壁的摩擦力 F_1 及切断物体需要的切断力 F_2 之和。通过压力 F 可以计算出装药点燃后产生的压强，然后可以确定装药量。

（2）壳体设计

壳体设计主要是进行壳体结构的强度裕度设计，以装药燃烧产生的燃气压力作为壳体设计的内压边界，同时考虑一定的安全系数，计算得到壳体的壁厚。

（3）切刀设计

切刀的设计取决于被切割物体的材质和外形。切刀的材料与被切割物体的材质有关，切刀的硬度应远大于被切割物体。一般切割电缆选用工具钢，切割钢棒选用弹簧钢，切刀的硬度要达到 HRC50～60。根据被切割物体材质的不同，切割器的切刀可采用一字型切刀或环形切刀。

（4）固线插设计

固线插起到固定被切割物体的作用，与壳体之间可采用螺纹连接。固线插的材料一般选用不锈钢或结构钢，硬度比切刀的硬度稍低。在进行壳体强度、刚度校核时，要考虑固线插与壳体的连接螺纹强度，以及固线插在切割冲击下的变形。

5.3.4　使用要求

切割器用于切割高强度绳索、电缆、管路以及各种金属杆棒等。一字型切刀适用于切割各种金属杆等坚硬物体，环形切刀适用于切割电缆等柔软物体。

分体式切割器与整体式切割器相比，使用方便，不受被切割物体外形的限制。分体式切割器使用时先将固线插取下，将切割物体放入，然后安装固线插。切割器穿线孔的大小要与被切割物体的大小相匹配，若晃动量大，会影响切割效果。

需要注意的是，金属材料与非金属材料的断裂性能和力学性能完全不同，因此两类切割器在产品设计和性能上也有所不同，一般不能直接互换使用。用于切割电缆等导电物体时，电缆敷设应张紧，避免切割后电缆芯线与切刀接触，造成电路短路。

5.3.5　应用实例

常用的切割器能够切割直径为 1～8 mm 金属丝或棒，材料可以是铝、钛合金或结构钢，也可以切割电缆等。图 5-6 为某航天飞行器切割电缆时使用的分体式环形切刀切割器，切割对象是直径 18 mm 的电缆，该电缆由 60 根芯线包覆热缩管组成。

图 5-6 某航天飞行器切割电缆时使用的切割器

切割器也可作为分离装置使用，如用在包带解锁装置中，可替代爆炸螺栓。工作时，将连接螺杆从中部切断完成解锁。其优点是包带解锁装置可以使用普通螺杆连接，承载能力高，性能不受螺栓预紧力大小等安装条件的影响。图 5-7 是某包带解锁装置使用的整体式、一字型切刀切割器，可有效切割直径为 8.2 mm、材料 1Cr11Ni2W2MoV 的连接螺杆，工作时间不大于 50 ms。

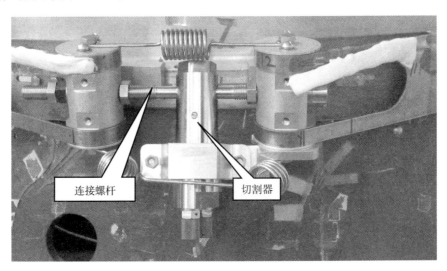

图 5-7 包带解锁装置使用的切割器

5.4 分离火箭

分离火箭工作时产生推力，对被推动的物体作功，使物体具有一定的运动速度和加速度，用于完成级间分离、助推器分离、推进剂管理等预定功能。分离火箭按使用方式可分为反推火箭、正推火箭、侧推火箭等。

5.4.1　组成及工作原理

分离火箭比较小，装药一般采取自由装填方式和浇铸方式两种，自由装填方式比较常用。自由装填方式的分离火箭由点火器、点火药盒、弹簧件、壳体、装药（推进剂）、挡药板、喷管等组成，如图 5-8 所示。浇铸方式的分离火箭组成与自由装填方式的火箭组成相比，可以减少弹簧件和挡药板。分离火箭用的点火器可采用电点火器或隔板点火器。

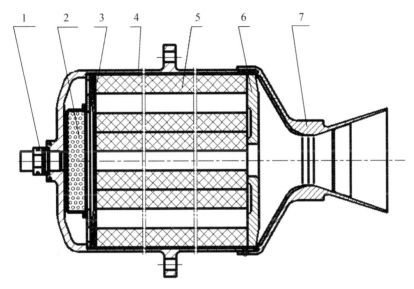

图 5-8　自由装填方式的分离火箭结构图

1—点火器；2—点火药盒；3—弹簧件；4—壳体；5—装药；6—挡药板；7—喷管

分离火箭工作时，通过点火器引燃点火药盒，点火药盒产生的高温燃烧产物流经装药表面，将装药迅速加热点燃，产生大量的高温燃气，燃气在燃烧室的限制下形成高压。高温高压燃气通过拉瓦尔喷管高速喷出，形成反作用力，推动与分离火箭连接的物体运动。

5.4.2　性能参数

分离火箭的主要性能参数如下。

1）总冲：分离火箭推力对推力作用时间的积分；

2）总冲偏差：分离火箭实际总冲与理论要求值之间的差值；

3）最大推力：在整个火箭工作过程中，推力的最大值；

4）工作时间：从火箭所要求的初始推力到工作终点推力之间所对应的时间间隔；

5）推力线偏移：分离火箭推力实际作用线与理论作用线之间的夹角；

6）推力线横移：分离火箭推力实际作用点与理论作用点之间，在与推力作用线垂直平面上的横向距离；

7）点火延时：从分离火箭接受点火信号到产生所要求的推力之间所对应的时间间隔；

8）启动不同步性：两枚或多枚火箭同时工作时，各火箭点火延时的差异。

5.4.3　装置设计

分离火箭是一种小型的固体火箭发动机，其设计与固体火箭发动机类似，本书只作简要介绍，更深入、详细的设计方法可参考固体火箭发动机相关的书籍。

（1）装药

装药设计主要是选择推进类型、设计药柱几何尺寸，目的是满足发动机内弹道性能对燃气产量的要求。推进剂常用的有双基推进剂和复合推进剂，自由装填方式用的推进剂一般是双基推进剂，浇铸方式采用复合推进剂更合适，复合推进剂的能量相对较高。

装药药柱的几何尺寸设计主要是分析确定药柱的初始尺寸，并确定初始燃烧面积。需要根据推力-时间关系要求，先确定燃烧室压力，然后根据压力确定燃气产量-时间关系，再根据推进剂的燃速、密度、燃烧产物成份来确定燃烧面积变化规律，根据燃烧面积变化规律设计药柱的几何参数。

在装药设计中，还要考虑装药的强度，尤其是自由装填方式的装药，确保在分离火箭经历的各种工作载荷下装药不产生裂纹和破坏。

为了提高装填密度，一般会减少初始容积，在长径比较大的情况下，需要考虑燃气通道的设计，确保通道参数合理，有效控制侵蚀燃烧和震荡燃烧。

（2）壳体

壳体是分离火箭的燃烧室，需要承受装药燃烧时产生的高温和高压载荷。壳体设计包括材料选择和结构、防热设计。材料通常选择高强度合金钢。对于工作时间短的分离火箭，在不加防热层的情况下，可选择高温合金钢。工作时间较长的分离火箭，必须考虑在壳体内壁增加隔热和防热层。

壳体的壁厚设计，应考虑在最大工作压力下不破坏，并确保强度安全系数不低于1.5。在进行壳体组件强度计算时，要考虑材料性能因温度上升而下降的影响，在高温状态下，壳体强度仍能满足要求。

（3）喷管

喷管直接经受高温、高速燃气的加热和冲刷，材料一般选用高温合金钢。为简化设计，降低生产加工难度，喷管收敛段和扩张段一般都选择锥形。

喷管喉径是喷管设计的关键，需要严格依据燃烧室压力、火箭推力等参数设计。在燃烧室压力一定的情况下，喉径大则流量大，推力一般也大。在流量一定的情况下，喉径小，则燃烧室压力高，过小的喉径可能导致燃烧室压力超过壳体组件的承受能力。

喷管扩张段主要是设计出合适的膨胀比，加大膨胀比可以提高燃气出口速度，提高推力。但膨胀比加大，需要喷管扩张段加长，出口增大，结构质量上升。另外加大膨胀比会使出口压力降低，而出现过膨胀现象，因此，一般应使出口压力高于分离火箭工作时的外界环境压力。

（4）点火器和点火药盒

点火器一般从已有的系列产品中选择。若点火器的药量能满足点火需要，则无需再增加点火药盒；若点火器点火药量不足，可以通过设计点火药盒来补充。点火药盒的火药一般采用产气量大、燃烧释放热量多的火药，目前用到比较多的是黑火药。点火药盒的壳体一般用可燃烧的材料制成，若壳体材料不可燃烧，则应使药盒壳体在火箭工作过程中可靠固定。点火药盒的药量根据燃烧室初始容积、点火压力等参数计算确定，需要保证一定的余量。

5.4.4　使用要求

在应用中，需要根据实际情况确定分离火箭不同的性能参数，如在级间、头体、星箭分离时，需要反向的短时间大推力的分离火箭。在实现推进剂沉底的要求时，需要正向的长时间小推力分离火箭。

需要多枚分离火箭同时工作时，必须考虑分离火箭的推力偏差、启动不同步性和总冲偏差等性能参数，将这些参数对多枚分离火箭协同工作的影响控制在可以接受的范围内。

对于斜切喷管分离火箭，其产生的推力与喷管的轴线有夹角，而且夹角随着分离火箭工作外界环境压力的变化而变化，在使用时应考虑夹角变化导致使用推力的变化。

用于提供反向推力的分离火箭，应考虑飞行过程中，外界气动加热的影响，确保气动加热不会导致分离火箭提前误工作。

分离火箭装药与其他火工装置相比，装药量比较大，工作时间比较长，点火药容易受潮，在安装使用时应检查分离火箭的外观、连接和密封情况。

5.4.5　应用实例

根据目前的应用情况，分离火箭在航天飞行器上，主要用于提供反向推力、正向推力和侧向推力，相应地称这些分离火箭为反推火箭、正推火箭和侧推火箭。

（1）反推火箭

反推火箭在国内外运载火箭上广泛应用，如 CZ - 3A 系列火箭二三级分离中采用了 4 枚反推火箭，单枚推力 13.2 kN，工作时间 0.6 s。土星 I 一二级分离采用 4 枚反推火箭，安装在一子级上端，与火箭纵轴成 12°夹角，反推火箭推力矢量通过一子级压心，工作时间 2 s。土星 V 级间分离一子级安装了 8 枚反推火箭，单枚平均推力 337 kN，有效燃烧时间 0.54 s。

（2）正推火箭

正推火箭在国内外运载火箭上应用较多，如 CZ - 3A 系列火箭三级推进剂沉底采用 2 枚正推火箭，单枚推力 1.96 kN，工作时间 3.45 s。土星 I 的二级推进剂沉底采用 4 枚正推火箭，火箭工作时间 3～4 s。

（3）侧推火箭

侧推火箭主要用于助推器分离和尾罩分离，如某运载火箭的分离采用 4 枚侧推火箭，单枚火箭推力 13.2 kN，工作时间 0.6 s。

图 5 - 9 为某种分离火箭的外观图。

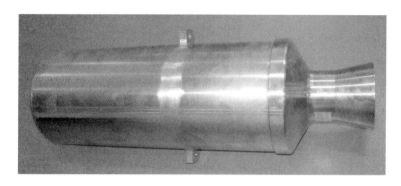

图 5-9　分离火箭

5.5　慢旋火箭

慢旋火箭是一种微小型的固体火箭发动机，其工作方式与分离火箭相似，只是慢旋火箭的喷管不是一个，而是两个或多个，工作时提供力矩，为各种运动姿态及控制提供动力。若是用多个单喷管火箭组合提供较大的力矩，每个单喷管火箭与分离火箭是一样的，可参考 5.4 节。

5.5.1　组成及工作原理

慢旋火箭一般由燃烧室、喷管、装药和点火药盒等组成，见图 5 - 10。由于火箭质量轻、体积较小、结构简单，有时将喷管和燃烧室做成一体。慢旋火箭工作时，用点火器引燃点火药盒，点火药盒产生的高温燃烧产物将装药点燃，装药燃烧后产生大量的高温燃气，在燃烧室内形成高压。高温高压燃气从多个喷管喷出，各喷管喷流方向不同，产生的反作用力不在同一直线上，从而形成旋转力矩[20,21]。

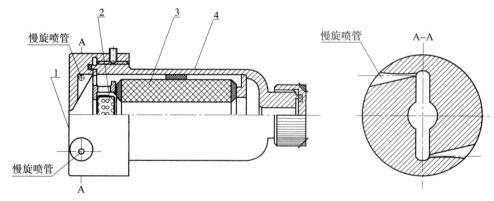

图 5-10　慢旋火箭结构图

1—喷管；2—点火药盒；3—装药；4—燃烧室

5.5.2 性能参数

慢旋火箭的主要性能参数如下。

1）转矩：慢旋火箭工作时产生的力矩；

2）工作时间：慢旋火箭点燃至排气结束的时间，也可定义为上升段及后效段等于 10% 最大压力时所对应的时间间隔。

5.5.3 装置设计

（1）方案选择

慢旋火箭方案选择，主要是根据使用要求、空间布局、安装方式等确定其结构形式和点火方式。火箭采用对称的多喷管结构，须考虑慢旋火箭自身旋转方向与内部连接螺纹方向的一致性，避免因为慢旋火箭的旋转造成内部连接螺纹松动。点火方式可采用头部点火，头部点火能量利用好、效率高。

（2）参数设计

根据慢旋火箭需要达到的性能进行参数设计。参数设计的主要内容是选择合适的燃烧室压力，确定燃速、面喉比，根据需要的冲量、工作时间等确定装药量等，初步确定装药尺寸。再通过优化和修正，调整装药参数、喷管参数，最终确定燃烧面积、燃烧室压力、流率等性能参数。

（3）装药设计

装药设计是慢旋火箭设计的重要内容，影响到产品的结构、工艺和性能。装药设计时，首先确定药柱装填方式，一般可采用自由装填式或浇铸装填式。自由装填式药柱承压强度高、结构简单、工艺简便、经济性好。浇铸装填式的燃烧室壳体与燃气不直接接触，对壳体的热防护要求低。若火箭工作时间短，一般采用自由装填式。

对于装药形式，慢旋火箭一般采用端面燃烧柱状装药和内外燃烧管状装药。推力小、工作时间较长的慢旋火箭可选用柱状装药，而推力大、工作时间短的则可采用管状装药。为了保持装药的恒面燃烧，内外燃烧管状装药设计时，需在药柱两端进行包覆，包覆材料要考虑其组分和固化体系与所包覆的药柱基本相同，并具有一定的力学性能和低烧蚀率，一般选用乙基纤维素、硝基纤维素和硝基油漆布等。

装药设计中的推进剂对慢旋火箭的内弹道性能和质量指标影响很大，应选择燃速合适、压力指数低、临界燃烧压力低和力学性能良好的推进剂。

（4）燃烧室设计

燃烧室是慢旋火箭重要部件之一，设计时考虑燃烧室壳体和内绝热层，燃烧室壳体是主要的承载部件，内绝热层是壳体的热防护层。对于工作时间短，燃烧温度较低的慢旋火箭可取消热防护层。燃烧室为慢旋火箭装药提供了贮存和燃烧的场所，燃烧室内燃气的压力和温度可分别高达几兆帕至几十兆帕和二三千摄氏度以上，因此，燃烧室要在各种条件下具有足够的强度和刚度，同时结构质量轻，连接和密封可靠。

（5）喷管设计

慢旋火箭喷管不仅是其能量转换装置，同时又是燃气流量的控制装置，能使燃烧室内建立起一定的工作压力。喷管内由于有高温燃气加速流动，其工作条件十分恶劣，故需要采取严格的热防护措施。

喷管一般由收敛段、直线段和扩张段组成，内型面的母线有直线和曲线两种。常用的内型面母线采用直线形。喷管收敛半锥角 β 一般选取 $30°\sim60°$，扩张段半锥角 α 取 $14°\sim20°$，喷管直线段长度一般选取喷管喉部直径的 $1/4\sim1/2$。

喷管结构设计中另外一项内容是堵盖设计。堵盖打开方式有两种：被燃气冲破或被燃气吹掉。打开压强一般为 $0.3\sim3$ MPa，可采用粘结或挤压方式固定。

（6）点火药盒设计

点火药盒中的点火药可采用黑火药或烟火药。黑火药热感度高，易点燃，燃烧产物中含大量固体颗粒，易于点燃主装药；烟火药能量特性高，不易产生过高的点火压力，点火延迟期短。

5.5.4 使用要求

采用慢旋火箭作为姿态控制的优点是结构简单、容易实现。使用时须考虑喷管推力线偏差对姿态控制的影响；另外须考虑喷管旋转产生的燃气对其他仪器设备的影响。

5.5.5 应用实例

慢旋火箭已广泛应用于航天飞行器中小物体的释放和姿态控制。某慢旋火箭外形图见图 5-11，其转矩为 1.6 N·m，工作时间为 0.5 s。

图 5-11 慢旋火箭

5.6　气体发生器

气体发生器的结构形式与固体小火箭相似，区别是固体小火箭工作时产生推力或力矩，并以产生的推力和力矩完成预定的功能，而气体发生器工作时产生燃气，并用燃气完成预定的功能。

5.6.1　组成及工作原理

气体发生器的组成与固体小火箭相似，一般由燃烧室壳体、装药、点火药盒等组成，某种典型结构见图 5-12。其工作原理是：利用点火器点燃内装的点火药盒，点火药盒燃烧产生的高温燃气引燃壳体内装药，装药燃烧产生大量高温高压燃气，燃气经排气口降压降温后排出，形成工作气体。

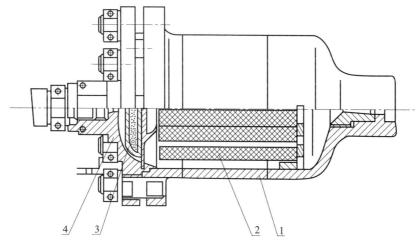

图 5-12　某种气体发生器的结构简图
1—壳体；2—装药；3—点火药盒；4—封头

根据产生的燃气温度，可以分为高温气体发生器、中温气体发生器和低温气体发生器。降低燃气温度可以选用燃烧温度低的药剂或采用混合冷却、扩大容积等物理降温手段。

5.6.2　性能参数

气体发生器的主要性能参数如下。

1）工作时间：从开始建压到压力下降拐点之间的时间。工作时间的起点和终点可以根据使用要求变化；

2）产气量：在规定压力和温度下，产生气体的质量；

3）产气率：单位时间内产生气体的质量；

4）产气温度：燃气从排气口出来后的温度。

5.6.3　装置设计

（1）装药

气体发生器的装药设计包括选择推进剂、确定装药药型和装填方式。推进剂应选择燃烧后生成气体多、固体颗粒少、燃烧温度比较低的推进剂。燃烧温度较低可以使产生气体的体积受温度变化影响小，同时降低对壳体热防护的要求。燃烧温度比较低的推进剂为双乙醛推进剂，该推进剂燃烧室温度较低，约 2 000 K。装药药型设计时，首先考虑装填密度大，一般采用端面燃烧柱状装药。若产气率大，可采用内外燃烧管状装药。装填方式与分离火箭类似，有自由装填和浇铸装填两种。

（2）壳体

壳体设计主要是根据燃烧室最大压力，确定壳体形状，选择壳体材料。壳体的结构设计，主要包括壳体壁厚设计、连接螺纹长度及其强度校核、封头设计。气体发生器壳体材料一般选用高强度高温合金钢，目前常用的壳体材料为 PCrNi2Mo。

（3）点火药盒

点火药盒设计与分离火箭、慢旋火箭类似。

（4）内装支撑件

对于自由装填的气体发生器，须设计支撑件将装药固定。内装支撑件分为前支撑件及后支撑件。前支撑件为弹簧件，在支撑药柱的同时，可以改善发动机的力学性能，提高发动机的力学环境适应性。后支撑件为挡药板，其作用是防止药柱堵塞喷管和没燃尽的装药向外喷出，影响发动机的弹道性能。挡药板设计时，可选用高强度的 PCrNi2Mo 材料，并在挡药板特定部位做成凹槽，以保证药柱内孔不被挡药板表面遮住。同时，挡药板的厚度应满足一定强度的要求，以防止气体发生器工作结束前被烧坏。

5.6.4　使用要求

气体发生器内有弹簧件，受力学环境的影响较大。在运输过程中，应将气体发生器进行固定，并采取必要的减震措施。

气体发生器产生的燃气温度比较高，排气速度比较快，在使用中应根据实际情况考虑对容腔采取热防护和防冲刷措施。

燃气喷出过程中会产生附加推力，应根据需要考虑是否采取措施消除这种附加推力的影响。

5.6.5　应用实例

某航天飞行器补气系统采用中温气体发生器产生气体，补充系统所需要的气体，该气体发生器见图 5 - 13，其工作时间为 0.92 s，产气率为 9.2 kg/s。

图 5-13 气体发生器

5.7 分离抛撒装置

分离抛撒装置主要用于将多个有效载荷从母舱中释放出去。常用的火工分离抛撒装置有爆炸式抛撒装置、气囊式抛撒装置、波纹管式抛撒装置以及活塞式抛撒装置。

5.7.1 爆炸式抛撒装置

爆炸式抛撒装置是通过位于母舱中心的爆炸管爆炸提供动能驱动有效载荷运动以实现有效载荷的分离抛撒。

爆炸式抛撒装置主要由金属管、扩爆药和抛撒药组成，金属管可通过螺纹或螺钉固定在母舱端框上，抛撒药和扩爆药安装在金属管内，结构见图 5-14。

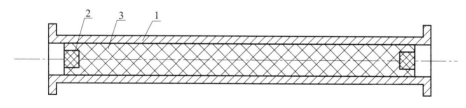

图 5-14 爆炸式火工抛撒装置
1—金属管；2—扩爆药；3—抛撒药

爆炸式抛撒装置一般安装在母舱中心，在母舱舱体和抛撒装置之间安装固定有效载荷，有效载荷可以排布为一层或多层，如图 5-15 所示。

在满足起爆条件后，引控系统起爆抛撒装置的扩爆药，扩爆药起爆抛撒药，抛撒药爆炸后金属管破裂，爆炸产物作用在有效载荷和母舱舱体上，造成母舱舱体破裂和有效载荷向外运动，由于爆炸过程非常快，母舱的破裂、抛壳和有效载荷抛撒几乎同时进行。

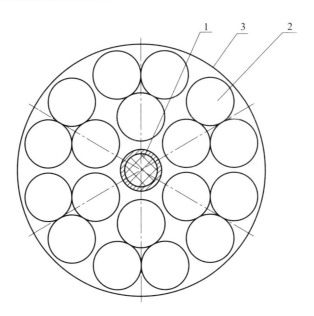

图 5 - 15　爆炸式抛撒有效载荷排布示意图

1—抛撒装置；2—有效载荷；3—母舱舱体

爆炸式抛撒方式具有结构简单、动作可靠、抛速高的优点，可以使内外层有效载荷间呈一定的速度梯度顺序抛出，使内、外层有效载荷散布均匀，特别适合于有效载荷多的中、大直径母舱使用，但不足之处是在爆炸抛撒过程中，有效载荷承受的冲击过载相当高，而且这种过载具有高峰值、短脉宽的特征，如果过载问题得不到很好的解决，很可能影响到母舱内有效载荷的强度以及其内部件的性能，甚至使有效载荷意外失效。

5.7.2　气囊式抛撒装置

气囊式抛撒装置是通过气囊充气膨胀推动有效载荷运动以实现有效载荷的分离抛撒。

气囊式抛撒装置利用气囊充气膨胀来延长燃气对有效载荷的有效作用时间，达到平缓加载的目的。其抛撒过载一般比爆炸式抛撒装置小一个量级，根据燃气发生器在气囊的位置分布可分为内燃式和外燃式两种形式。

（1）内燃气囊式抛撒装置

内燃气囊式抛撒装置主要由燃气发生器、燃气导管和气囊组成，结构见图 5 - 16。

内燃气囊式抛撒装置可以设计为单舱单囊和单舱多囊两种形式，有效载荷排布见图 5 - 17。单舱单囊就是在每个母舱内使用一套内燃气囊式抛撒装置，并使其位于母舱中心轴处，有效载荷分布于气囊的外围，火药在燃气发生器内燃烧，产生的燃气通过燃气导管的喷孔流入气囊，在燃气导管内形成一个高压区，在气囊内形成一个低压膨胀作功区，以保证有效载荷在气囊的低压作用下平缓加速，有效降低了有效载荷的抛撒过载。它的优点是结构设计简单，缺点是有效载荷的运动较难做到精确控制。单舱多囊是通过支撑结构将母舱分成多个抛撒巢，每个抛撒巢内都有一套内燃气囊式抛撒装置，它的优点是能够较好地控制有效载荷的运动，缺点是结构设计复杂。

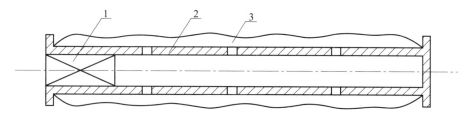

图 5 - 16　内燃气囊式抛撒装置

1—燃气发生器；2—燃气导管；3—气囊

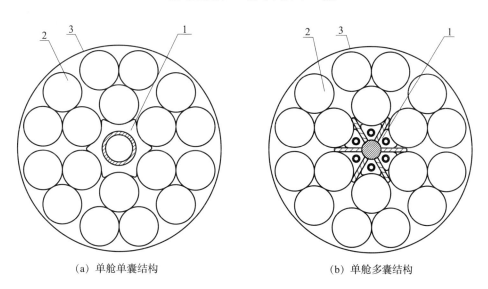

(a) 单舱单囊结构　　　　　　　　　　　　　(b) 单舱多囊结构

图 5 - 17　内燃气囊式抛撒有效载荷排布示意图

1—抛撒装置；2—有效载荷；3—母舱舱体

（2）外燃气囊式抛撒装置

外燃气囊式火工抛撒装置主要由燃气发生器、燃气导管、燃气分配器和气囊组成，结构见图 5 - 18，有效载荷排布见图 5 - 19。抛撒时，燃气发生器内的火药点火产生燃气流入燃气导管，当燃气达到一定压力时冲破燃气导管的限压膜片流入燃气分配器，通过燃气分配器的喷孔流入气囊，气囊充气膨胀推动有效载荷加速运动实现抛撒。

外燃气囊式火工抛撒装置的燃气发生器位于气囊的外部，通过燃气分配器的合理设计，使燃气均匀地推动各气囊对应的有效载荷运动，可产生一致的抛撒效果，但由于分配器上的喷孔限制了气体的流速，不能在气囊高速膨胀过程中加速提供火药燃气，使得气囊内的压力迅速下降，因此有效载荷的有效行程小，抛撒过程持续时间短。总的来说，外燃气囊式抛撒装置具有内弹道性能稳定可控、点火系统简单可靠的优点，在工程上得到了大量应用。

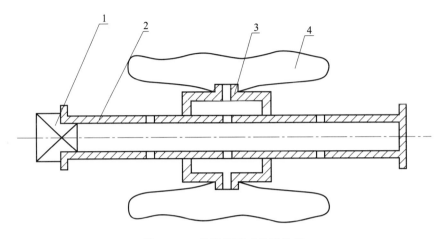

图 5－18　外燃气囊式抛撒装置

1—燃气发生器；2—燃气导管；3—燃气分配器；4—气囊

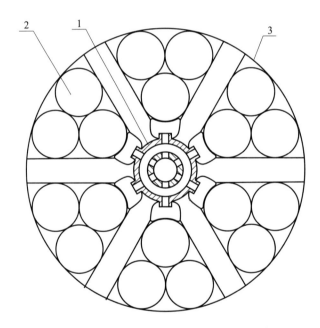

图 5－19　外燃气囊式抛撒有效载荷排布示意图

1—抛撒装置；2—有效载荷；3—母舱舱体

5.7.3　波纹管式抛撒装置

波纹管式抛撒装置是通过火药气体驱动波纹管向外膨胀推动有效载荷运动以实现有效载荷的分离抛撒。

波纹管式抛撒装置与单舱单囊内燃气囊式抛撒装置结构相似，主要由燃气发生器、燃气导管和波纹管组成，结构见图 5－20，有效载荷排布见图 5－21。每个母舱内使用一根波纹管，燃气导管位于母舱中心轴处，有效载荷分布于波纹管的外层，火药在燃气发生器内燃烧，燃气通过燃气导管的喷孔流入波纹管内，在燃气导管内形成一个高压区，在波纹管内形成一个低压膨胀作功区，以保证有效载荷在波纹管的低压作用下平缓加速，降低有效载荷的抛撒过载，其抛撒过载与气囊式抛撒装置相当。

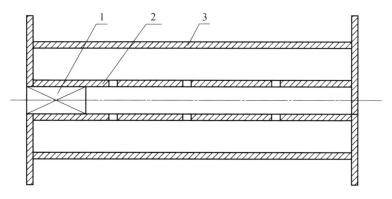

图 5 - 20 波纹管式抛撒装置结构图

1—燃气发生器；2—燃气导管；3—波纹管

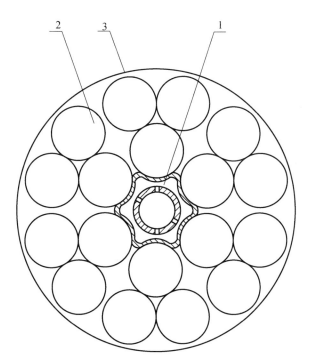

图 5 - 21 波纹管式抛撒装置有效载荷排布示意图

1—抛撒装置；2—有效载荷；3—母舱舱体

波纹管式火工抛撒装置的优点是结构设计简单、动作可靠，且波纹管的形状可以根据有效载荷外形进行对应设计，以保证波纹管与有效载荷形成很好的贴合面，有利于控制有效载荷的抛撒运动，降低抛撒过程中有效载荷的过载。

5.7.4　活塞式抛撒装置

活塞式抛撒装置是通过火药气体驱动活塞，活塞推动有效载荷运动从而实现有效载荷的分离抛撒。

活塞式抛撒装置通过设计气缸压力和活塞行程，以延长燃气对有效载荷的有效作用时间，大幅降低对有效载荷的冲击过载。其抛撒过载峰值一般比气囊式和波纹管式抛撒装置小一个量级，主要用于对过载敏感的有效载荷分离抛撒。活塞式抛撒装置根据气缸结构可分为单缸和双缸两种形式。

（1）单缸活塞式抛撒装置

单缸活塞式抛撒装置主要由燃气发生器、气缸和活塞组成，结构见图 5 - 22，有效载荷排布见图 5 - 23。火药被点燃后在燃气发生器内燃烧，当火药气体压力达到活塞的启动压力时，推动活塞和有效载荷一起运动，活塞运动到最大行程后停止，此时有效载荷获得一定的速度与母舱分离。采用单缸活塞式抛撒装置时，对于燃速较快的火药，由于产生的初始压力峰值过高，可能导致初始时刻有效载荷承受较大的冲击过载。

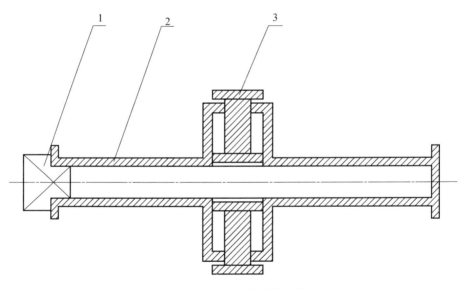

图 5 - 22　单缸活塞式抛撒装置结构图

1—燃气发生器；2—气缸；3—活塞

（2）双缸活塞式抛撒装置

双缸活塞式抛撒装置主要由燃气发生器、高压缸、低压缸和活塞组成，结构见图 5 - 24，有效载荷排布见图 5 - 25。火药点燃后在燃气发生器内燃烧，达到一定压力后，高压缸喷孔打开，燃气流入低压缸，当低压缸内的压力达到活塞的启动压力时，推动活塞和有效载荷一起运动，活塞运动到最大行程后停止，此时有效载荷获得一定的速度与母舱分离。采用双缸活塞式抛撒装置时，由于高压缸喷孔的限流作用，使得低压缸的压力变化稳

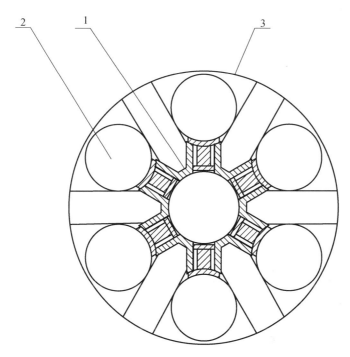

图 5 - 23　单缸活塞式抛撒有效载荷排布示意图

1—抛撒装置；2—有效载荷；3—母舱舱体

定且初始峰值比单缸抛撒装置低，从而降低了有效载荷承受的冲击过载。它的缺点是结构复杂，附加质量较大。

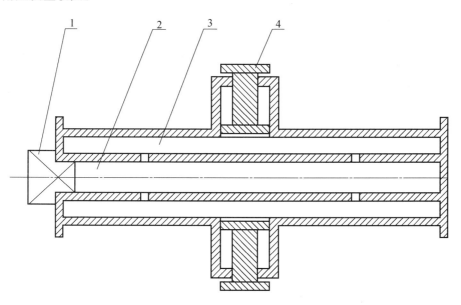

图 5 - 24　双缸活塞式抛撒装置结构图

1—燃气发生器；2—高压缸；3—低压缸；4—活塞

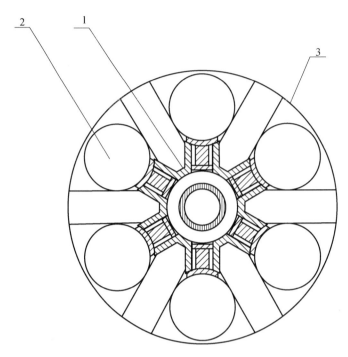

图 5 - 25　双缸活塞式抛撒装置有效载荷排布示意图
1—抛撒装置；2—有效载荷；3—母舱舱体

5.7.5　性能参数

分离抛撒装置的主要性能参数如下。

1）推力：分离抛撒装置工作时，作用在有效载荷上的推动力，一般用推力-时间变化曲线来表示；

2）工作行程：有效载荷在推力作用时间内运动的距离。

5.7.6　装置设计

（1）装药设计

首先根据有效载荷分离点速度的要求和推力工作行程，计算得到平均推力和推力作用时间，用于装药质量、形状和尺寸的初步设计，之后通过计算得到装药作用产生的推力曲线，根据推力曲线计算得到有效载荷的过载曲线和速度曲线，最后通过优化装药质量、形状和尺寸以达到有效载荷需要的力学环境和分离点速度。

（2）结构设计

首先根据有效载荷的数量和外形，对有效载荷进行合理的排布和固定，然后根据推力曲线和工作行程，确定气囊、波纹管和活塞的材料、尺寸大小以及壁厚等参数，最后根据有效载荷的分布位置和推力需求，优化燃气分配器的材料、管嘴数量、尺寸大小等参数。

5.7.7　使用要求

根据有效载荷承受过载的能力和分离点参数要求，确定分离抛撒装置的类型。一般情况下，爆炸式抛撒装置用于抛撒抗过载能力较高和分离速度较大的有效载荷，气囊式抛撒装置和波纹管式抛撒装置用于抛撒抗过载能力相对较差的有效载荷，活塞式抛撒装置用于抛撒抗过载能力较差且有防污染要求的有效载荷。

5.7.8　应用实例

分离抛撒装置的典型代表有：美国多管火箭发射系统（MLRS），其子母弹战斗部采用了爆炸抛撒方式；美国的突击破坏者 T - 16 导弹、战斧导弹以及英国的 BL755 航空反装甲子母炸弹采用了气囊式抛撒方式。其中战斧导弹的抛撒系统如图 5 - 26 所示。

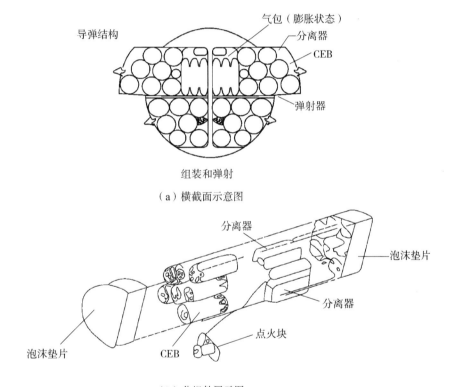

（a）横截面示意图

（b）分组件展示图

图 5 - 26　战斧导弹的抛撒系统

第6章　保险安控装置

6.1　概述

　　保险安控装置包括保险装置、电爆阀、爆炸器等，这类装置的共同点是保证危险源受控。在地面意外操作情况下，保证人员、产品和设备的安全；在飞行过程中出现不可挽回的故障时，将航天飞行器炸毁，避免或减少故障航天飞行器对地面人员、设备、建筑物等的危害。

　　保险装置是为防止地面意外点火而设置的，一般有安全（保险）和工作（保险解除）两个状态。当保险装置处于安全状态时，传爆序列中保险装置上游的火工装置意外工作，不会激发其下游的火工装置工作，确保下游重要产品的安全性。当保险装置处于工作状态时，传爆序列中保险装置上游的火工装置工作，能正常激发装置下游的火工装置工作，完成预定功能。保险装置在固体火箭发动机点火中应用较多，一般设置在发动机的点火器（或起爆器）与发动机的点火药盒（或点火气体发生器）之间，确保发动机不因误操作或环境干扰而被意外点燃。保险装置也可以用在航天飞行器的自毁控制上，只有在解除保险、处于工作状态时，才能对航天飞行器实施自毁，确保不发生意外自毁事故。

　　电爆阀用于控制流体流动，通过其工作打开管路通道，启动流体流动；也可通过其工作阻断管路通道，切断流体的流动。电爆阀主要用在液体发动机启动和关机中，主要的产品有气体增压阀、发动机启动阀、发动机断流阀等。

　　爆炸器主要作用是将被炸物体炸出一定尺寸的孔洞或裂缝，将故障航天飞行器在空中炸毁，避免或减小对地面人员、设备等的危害。液体火箭在飞行中出现不可挽回的故障时，用爆炸器将两种推进剂贮箱炸穿，使推进剂混合爆炸，在空中将故障火箭炸毁；固体火箭是用爆炸器或切割索将发动机炸裂，使发动机泄压终止燃烧，实现自毁。自毁所使用的切割索与切割索分离装置类似。

6.2　保险装置

　　控制固体火箭发动机点火时，保险装置所起的作用主要有两点。

　　1）保险装置在未得到航天飞行器或地面控制系统发出的解锁指令时，能够保持安全状态，将其上游或内装发火元件可能出现的误发火隔断，确保下游火工装置不工作，避免发动机意外点火，以保证系统、设备和人员的安全。

　　2）保险装置得到航天飞行器或地面控制系统发出的解锁指令时能够可靠解锁，由安全状态转换到工作状态，将传爆、点火通道打开，确保其上游或内装的火工元件发火后能够引爆或点燃后续火工装置，实现发动机的可靠点火。

6.2.1　组成及工作原理

国内外的保险装置，形式多种多样，作动原理也不尽相同，但无论何种保险装置，其工作原理都是通过机械或电的方式对接，使其接通时为工作状态，切断时为保险状态。

保险装置一般由壳体、电连接器、转动装置、锁位装置、状态显示装置，以及内装发火元件等组成。转动装置一般采用电机作为动力源，锁位装置采用电磁销锁位或类似离合器的锁位装置。

保险装置典型的产品组成结构见图 6-1。

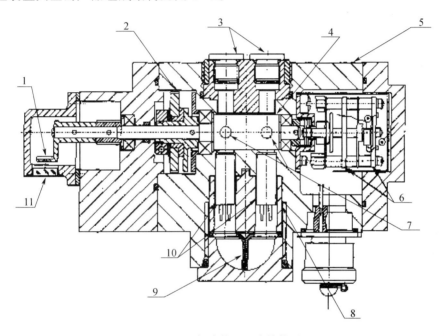

图 6-1　保险装置组成结构图

1—目测状态标识；2—离合器；3—输出接口；4—电机；5—壳体；6—状态开关组件；7—传爆管；
8—电爆元件安装座；9—隔爆装置；10—电起爆器；11—透明窗

图 6-1 所示的保险装置机构将电爆元件、传爆管内置其中，输出端可以连接导爆索组件等非电发火元件。保险装置在安全状态或工作状态时，对应的状态开关处于接触或断开，并通过电路将保险装置所处状态实时显示出来。该机构还采取了目测识别状态的措施，通过透明窗对保险装置的状态进行目测识别。

当保险装置处于保险状态时（图 6-1 所示状态），电起爆器与传爆管不同轴，传爆管与输出端的后续发火元件也不同轴，电起爆器意外发火后不会将传爆管引爆，确保保险装置不输出，避免引爆输出端后续火工元件而导致发动机意外点火。保险状态的锁位由离合器实现，它能在规定的力学、电磁环境下保持不动作。

当发动机需要点火时，给电机加额定工作电压，电机转动一定的角度，带动安装在转子上的传爆管转动，保险装置由保险状态转换到工作状态。此时，电起爆器、传爆管与输出端火工元件对正，电起爆器起爆后，将传爆管引爆，再将输出端火工元件引爆，最终完成发动机的可靠点火。

通过给同一电机正、负极变换加电，可使转子向正、反方向转动，从而实现保险装置安全状态与工作状态的相互转换。

对于采用电磁销锁位的保险装置，当给电机加电时可实现保险状态向工作状态的转换，电磁销自动落销完成工作状态锁位；当给电磁销加电拔销时，电机依靠安装于转子中的涡线弹簧反力作用，自动恢复到保险状态。这种保险装置对电源的正、负极性无特殊要求。

6.2.2　性能参数

根据功能要求和使用要求，保险装置的主要性能参数如下。

1）电性能参数：包括电机、电磁销额定工作电压、工作电流。

2）时间参数：电机、电磁销允许连续加电时间，保险与工作两个状态之间的转换时间等。

3）结构承压能力：指装置壳体承受电起爆器和内装传爆管工作产生高压的能力；对于与发动机直接相连的保险装置，还包括其承受发动机工作时的反向压力。

4）隔爆性能：指隔离输入爆轰波或火焰，使输出端不输出的能力。

5）传爆性能：指接受输入爆轰波或火焰，并使输出端正常输出，引爆或引燃下游火工装置的能力。

6.2.3　装置设计

虽然不同的保险装置在设计中有些差别，但大部分内容相似，下面以目前广泛使用的机电式安全设计为例简要介绍设计内容。

（1）电气设计

在电气设计中，要考虑到元器件的降额设计、裕度设计、电磁兼容性设计、防差错设计等内容。

①电连接器的选型

电连接器为标准件，一般根据保险装置电气接口要求选用成熟的、现有的型谱。选型时要从保险装置工作电压、工作电流、通电时间、密封要求、承压要求、电磁屏蔽要求，以及温度-湿度-高度要求等方面进行综合考虑。

②电机设计

根据使用的电磁环境和力学环境，进行受力分析或计算，确定电机克服转动力矩的合适范围。然后根据结构尺寸要求，确定电机的轮廓尺寸，在尺寸限定的条件下，根据工作电压、电流、工作时间、散热条件等，通过优化设计确定线包漆包线的直径、匝数、电阻等设计参数。根据初步设计，进行样机研制，通过试验验证后再对原有设计进行修改和完善。

③电磁销设计

电磁销用于工作状态或保险状态的锁位。首先根据保险装置使用条件下的过载要求，对电磁销承受的拔销力进行计算，并考虑一定的裕度。与电机设计类似，通过优化设计，最后确定电磁销电阻、电磁销行程、弹簧力大小等设计参数。

④状态开关设计

常见的状态开关为机械式开关。由动、静触片组件等组成。当保险装置处于保险状态或工作状态时，转子上的挡块将动触片与静触片压紧，使两触片在电路上接通，实现安全状态开关或工作状态开关的闭合，并通过外电路将保险装置的状态显示出来。

设计状态开关时，重点考虑状态开关的变形、接触电阻，以及长时间接通小电流条件的容量等参数。

状态开关触片应具有良好的弹性，在长时间施加外力作用后仍能够恢复弹性；状态开关触头一般选用银材料，以提高其导电性能，确保状态开关显示的稳定性。

（2）结构设计

结构设计主要包括密封、承压及机械接口设计等内容。

①密封设计

保险装置在使用环境条件下，能够防止外部环境温度、湿度等对保险装置内部结构产生的不良影响。

通常在与外界的接口部位采用 O 形密封圈等措施进行密封。

②承压设计

保险装置外部结构应在隔爆、传爆后保持完整，因此其壳体设计中需要采用强度比较高的材料，一般选择高强度的金属材料，并保持较大的安全裕度。对应直接与固体火箭发动机连接的保险装置，由于发动机工作过程中，保险装置要承受发动机长时间高温、高压燃气作用，因此对保险装置壳体、电连接器以及密封部位的承压能力有更高要求，电连接器需选择具备耐高温、耐高压的产品，壳体采用钛合金等高强度材料，与发动机的密封部位采用 O 形密封圈和螺栓密封。

③机械接口设计

机械接口设计根据上下游的接口确定，在设计中考虑便于安装以及接口连接可靠。接口尺寸中，输入和输出的安装孔尺寸要与传爆能力结合考虑，使传爆的间隙满足输入爆轰能可靠引爆传爆管，传爆管的输出能可靠引爆输出火工元件。

（3）传爆序列设计

按照火工品设计规范，对保险装置进行隔爆、传爆设计。

要求保险装置处于保险状态，当输入端起爆器或内装传爆管等火工元件工作时，保险装置应确保输出端所装装置不被引爆、壳体结构不被破坏；保险装置处于工作状态时，当输入端起爆器工作时，保险装置应确保输出端所装火工品可靠引爆，壳体结构完整。

6.2.4　使用要求

在保险装置使用过程中，应按照保险装置使用说明书进行操作，工作电压、加电时间等满足设计要求。

在满足要求的环境条件下进行测试。通常情况下，务必使保险装置处于安全状态。

6.2.5　应用实例

下面介绍在固体火箭发动机中广泛应用的机电式保险装置，其传爆关系见图 6-2。

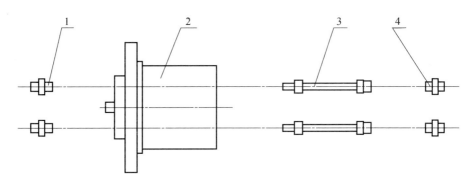

图 6-2　机电式保险装置中的传爆序列

1—输入电起爆器；2—保险装置；3—输出端柔性导爆索组件；4—隔板点火器

机电式保险装置的突出优点是采用了双路独立的冗余设计。每路均由两个电机、两个电磁销、两个保险状态开关、两个工作状态开关等组成。保险状态和工作状态转换可逆，可提供状态显示信号，根据需要可在地面和空中解除保险，进行状态转换。

机电式保险装置与限制性导爆索组件等非电传爆元件相结合，可以实现远离发动机安装，与发动机无直接接口关系，不受发动机工作影响，便于安装、检测和维修。

机电式保险装置的工作电压为（28±3）V，状态转换时间不大于 100 ms，结构质量为 1.4 kg。其在传爆序列中的应用见图 6-3。

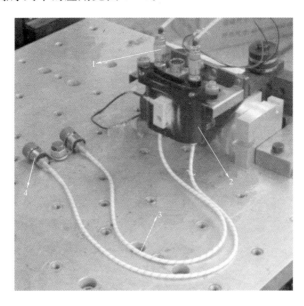

图 6-3　机电式保险装置在传爆序列中的应用

1—电起爆器；2—保险装置；3—限制性导爆索组件；4—隔板点火器

6.3　电爆阀

电爆阀主要用于输送管路中，其功能是启动和切断输送管中流体的流动。

6.3.1　组成及工作原理

电爆阀主要由起爆器（一般为电爆管）、活塞和切破件等组成。典型的电爆阀结构见图 6-4。其工作原理是：起爆器 2 通电起爆，推动活塞 1，继而带动切破件 3 运动，致使切破件凸肩被剪断，楔入壳体中，以实现开关动作，启动流体流动或切断流体流动。

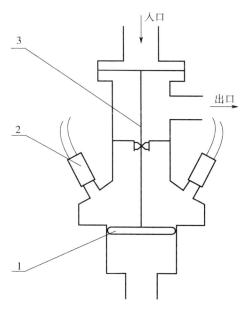

图 6-4　电爆阀结构图
1—活塞；2—起爆器；3—切破件

6.3.2　性能参数

电爆阀的主要性能参数如下。

1）工作压力：指电爆阀正常工作的最高气压（一般为表压），电爆阀在该压力下应保持一定的密封性能；

2）介质流量：指电爆阀在额定工作压力下的最大介质流量。该参数与电爆阀流通口径（即最小流道内径）直接相关；

3）泄漏率：指电爆阀在额定工作压力下，单位时间、单位压差对应的介质泄漏量；

4）响应时间：从起爆器通电至电爆阀开启或关闭所需要的时间。

6.3.3　装置设计

（1）电爆阀设计原则

1）宜采用双起爆器的冗余设计，以增加阀门可靠性；

2）电爆阀中电器元件应考虑防爆要求；

3）设计中考虑裕度和进行极限试验；

4）应考虑运动件锁紧要求；

5）防多余物设计，一般不允许火药燃气排至阀门外，爆破后阀门不允许出现碎片或其他多余物；

6）满足阀门设计规范中通用设计要求。

（2）电爆管选用

电爆管一般选用现成产品，选择时主要考虑以下因素。

1）起爆压力范围；

2）电性能参数；

3）环境适应性；

4）安全性（宜选用钝感起爆器）；

5）满足标准相关要求。

（3）材料选择

材料选择应满足阀门设计规范中通用要求。壳体、接管嘴等承力件一般选用不锈钢；阻隔高压燃气的密封元件应有一定的耐火性，一般选用氟塑料；静密封（如垫片）一般选用纯铝、紫铜等；切破件一般选用不锈钢 2Cr13、钛合金等。选材时应注意与接触介质的相容性。

（4）流道设计

按设计依据中要求的流通口径或流量，确定电爆阀内作动件的行程，保证电爆阀流通面积不小于与之连接管路流通面积。

（5）切破件设计

切破件设计包括两个方面：未起爆时，切破件应具有足够强度；起爆器正常起爆后，切破件应有效可靠地被切断。

切破件设计与起爆器选择是一个交互过程，在切破件设计中需要用到起爆器参数。电爆阀的具体结构不同，切破件计算内容不同。切破件计算内容主要包括：切破件厚度确定（按设计依据中电爆阀工作压力，以及起爆器在爆燃腔内起爆产生爆燃压力数值进行切破件厚度计算，计算中应进行裕度考虑）、材料剪切强度（可查材料手册或者通过试验测定，也可以参考设计规范中的公式）和切破件强度计算（参考设计规范中的公式）等。

（6）密封设计

设计时应依据所选结构类型及设计依据中对电爆阀密封性要求，确定静密封和动密封形式。静密封一般可采用纯铝垫片、紫铜垫片。动密封可采用橡胶 O 型圈或带有挡圈的 O 型圈密封形式。常开式电爆阀在电爆阀起爆后，为保证原来的流通通道被可靠地阻隔，可采用锥形金属面密封；常闭式电爆阀可通过多道挡圈和橡胶 O 型圈组合的结构形式实现爆燃高压气的密封，防止高温高压燃气进入流通管路。

（7）锁紧机构设计

为了防止电爆阀在打开时活塞或者切破件在瞬间运动后回弹，设计过程中应进行锁紧设计。锁紧结构（如捕捉片）的作用是固定电爆阀内部的运动部件，可以用捕捉结构实现活塞运动到位后的捕获，使活塞和切破件不反方向运动。也可以让高压燃气不排出阀体，利用背压让高压燃气压紧运动部件，使其不反向运动。

（8）壳体、接管嘴设计

壳体、接管嘴一般起支撑作用，承受相应的工作压力。除应考虑系统安装、连接等接口要求之外，还应重点进行强度、刚度适应性分析。在分析时，应以起爆过程中最大爆燃压力进行强度分析，双电起爆器结构进行强度计算，应以 2 倍最大爆燃压力进行强度计算。设计过程中，应考虑电爆阀整体刚度，可用有限元分析方法分析。计算静载荷和动载荷作用下，阀体刚度能否满足设计要求。

（9）尺寸链计算和接口协调

重要件的配合间隙、作动件的行程、起爆器组件装配后壳体内起爆容腔、结构尺寸的协调等，均应进行尺寸链计算。

6.3.4　使用要求

电爆阀门使用前应确认产品合格，非金属在规定的使用期限内。一般电爆阀门会提出电爆管的安装力矩要求，其余电爆管的安装应按照火工装置有关规定进行操作。电爆阀门安装及周转搬运过程中不允许损伤阀门，特别应避免损伤入口、出口密封部位；按有关要求贮存和运输。

6.3.5　应用实例

电爆阀是弹箭体动力系统中的重要单机产品，通常对整个增压输送系统起着开关和密封的作用，是整个动力系统正常工作的保障。现在火箭和武器型号使用电爆阀虽然有多种，但基本结构及作用原理相同，主要功能为：贮箱不需要补压时，将补压气瓶与贮箱隔断，气瓶内的压力（气体）不能进入贮箱；贮箱需要补压时，电爆管起爆，将活门内的隔断元件切破，气瓶内的压力（气体）进入贮箱，直至气瓶内的压力与贮箱内的压力基本平衡。载人运载火箭中逃逸灭火系统用电爆阀的原理与气瓶补压系统用电爆阀原理基本相同，只是阀门入口连接的是灭火剂瓶，出口连接灭火管路，流通介质为液体。当需要灭火时，控制系统向电爆活门发出电压信号，电爆管起爆，阀门出入口通道连通，灭火剂通过灭火管路喷出。结构外形图见图 6-5 所示。其主要性能参数如下。

　　1）工作压力：5.9 MPa；

　　2）介质流量：2.3 kg/s；

　　3）最小流道内径：25 mm；

　　4）泄漏率：4.0～5.9 MPa，用肥皂泡法检测时，杆及壳体结合处在 2 min 内不应有气泡产生。

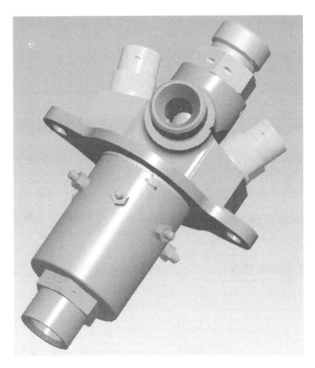

图 6-5　逃逸灭火系统用电爆阀

6.4　爆炸器

　　爆炸器主要用于航天飞行器飞行中的主动空中自毁，以减轻落地后对地面人员、建筑和设备的毁伤。

6.4.1　组成及工作原理

　　爆炸器一般由壳体、传爆药柱、主装药和药型罩等组成，如图 6-6 所示。传爆药柱被激发后，将爆轰放大，进而引爆主装药，主装药通过药型罩的聚能效应，产生高速聚能金属粒子射流，形成对火箭和导弹壳体的破坏。主装药一般为猛炸药。

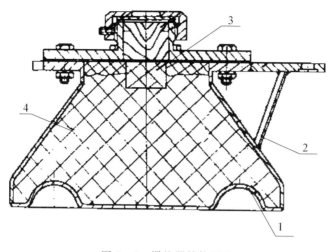

图 6 - 6　爆炸器结构组成

1—药型罩；2—壳体；3—传爆药柱；4—主装药

6.4.2　性能参数

1) 输出威力：指爆炸器工作后输出的能量，一般用铝板或钢板的穿孔直径大小来衡量，要求爆炸器能够将一定距离外、一定厚度的钢板或铝板完全炸穿，且穿孔不小于一定的直径。

2) 安全性能：是指不应被误爆，保证在操作、测试、飞行等过程中的安全性。

6.4.3　装置设计

（1）结构强度和刚度设计

爆炸器结构设计上，需要考虑爆炸器的力学环境适应性能，需要满足一定的结构强度和刚度要求。爆炸器支架与壳体安装处，尽量避免采用悬臂梁结构，防止在飞行过程中，爆炸器安装支座受到力学环境冲击而发生断裂。

（2）装药和药型罩设计

爆炸器主要依靠聚能效应来实现自毁功能。设计上，需要将爆炸器主装药设计为倒锥形，并在药型罩上设计一定圆角的聚能槽，以实现聚能效应。

装药方面，由于药量较大，且装药区域为异型区域，可以采取浇筑的方式实现装药。

6.4.4　使用要求

爆炸器在运输、贮存、测试、安装过程中，需要严格确保安全。用于引爆传爆药柱的起爆器和爆炸器，运输时需要分别包装运输，贮存时须存放在不同包装箱内；测试时，需要单独测试起爆器，并且测试线缆一般不低于 20 m 长，爆炸器和测试操作人员必须隔离。

6.4.5　应用实例

爆炸器广泛用于 CZ - 2C，CZ - 3A，CZ - 2F 等长征运载火箭的安控系统中。在故障情况下，根据指令起爆工作，可将火箭氧化剂和燃烧剂贮箱各炸开一个不规则的圆孔，使两个贮箱的推进剂喷出，产生二次爆炸将故障火箭炸毁。某产品的外形见图 6 - 7，该爆炸器爆炸威力可以将 3 mm 厚钢板穿孔，或撕裂出不小于 500 mm 长的裂缝。

图 6 - 7　某爆炸器的外观

第7章 火工系统设计和火工装置选用

7.1 概述

火工系统是执行控制系统指令完成某一个或某一组特定功能和动作的火工装置的组合，是航天飞行器的重要组成部分。航天飞行器飞行中每一个预定的功能或动作几乎都与火工系统有关，如：发动机点火、级间分离、有效载荷释放、姿态控制、贮箱增压、自毁等。火工系统的环境适应性、可靠性及安全性直接影响到航天飞行器的整体性能。

7.2 火工系统的组成

火工系统一般由起爆器、传爆装置和终端工作装置组成，终端装置包括分离装置、动力作动装置和保险安控装置。工作时，控制系统发出执行指令后，由外部能源（电流、激光、机械）激发起爆器，工作后的输出能量（爆轰、火焰等）激发传爆装置，进而激发终端工作装置完成预定功能和动作。有些简单系统中没有传爆装置，由起爆器直接激发终端装置工作。

图 7-1 所示为典型的火工系统示意图，由电起爆器、限制性导爆索组件、分离火箭

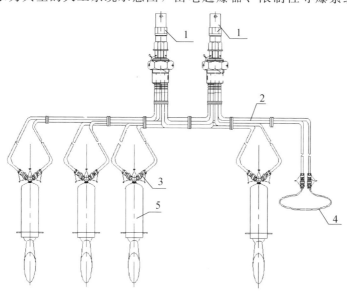

图 7-1 典型的火工系统

1—电起爆器；2—限制性导爆索组件；3—延期点火器；4—切割索；5—分离火箭

和切割索等组成，用于完成级间分离动作。工作时，电起爆器首先被激发，引爆限制性导爆索组件；限制性导爆索组件传递爆轰，其中 1 路将爆轰传递至切割分离装置，使其完成解锁动作；其余 4 路传递至延期点火器，延时后延期点火器点燃 4 枚分离火箭。

7.3　火工系统设计的一般原则

由于火工系统在航天飞行器上应用广泛，部分大型火工系统包含大量的火工装置，而且种类繁多，一定程度上降低了系统的可靠性。进行火工系统设计时，应尽量考虑"通用化、系列化、组合化"设计思想，减少火工装置的品种、规格和数量，从而简化系统，增强可靠性。原则一般如下。

1）继承性与先进性相结合。新技术有利于火工装置性能的提高，更好满足系统的要求。然而先进性存在可靠性风险，成熟产品有大量的试验及飞行子样，所以要综合考虑继承性与先进性。

2）系统安全性。尽量采用钝感装药的火工装置，火工装置应能够防静电和防射频。

3）系统冗余设计。冗余设计在一定程度上能够降低火工系统对火工装置的可靠性要求，尤其是可靠性薄弱环节应采取冗余设计。

4）简化环节。火工系统应尽量减少起爆与传爆环节。

7.4　火工系统设计

火工系统设计包括总体方案设计、环境适应性设计、可靠性设计和安全性设计，在系统设计时应充分考虑系统输入、火工装置安装及火工装置工作后的影响等方面，有些还须通过充分的试验来验证。

7.4.1　火工系统总体方案设计

根据航天飞行器确定的外部激发能源形式和预定功能动作的要求，确定火工系统整体方案和各火工装置的类型，明确各火工装置的接口数据和功能指标，并制定系统指标考核方案。

7.4.2　火工系统环境适应性设计

对火工系统的力学环境（承载、振动、冲击、颠簸等）和自然环境（温度、湿度、真空、压力、盐雾、霉菌等）的适应性进行分析，确定系统环境防护方案及各火工装置的环境适应性要求，制定系统环境适应性考核方案。

7.4.3　火工系统可靠性设计

根据火工系统方案确定系统的功能框图，建立系统可靠性模型。对系统各火工装置可靠性指标进行合理分配。通过采用冗余设计，适当降低各火工装置单机的可靠性指标。根据可靠性评估大纲，确定系统和装置的可靠性指标评估方法。

7.4.4　火工系统安全性设计

火工系统安全性设计包括使用安全性和工作安全性。使用安全性是针对火工系统及各火工装置在贮存、运输和使用等过程，对安定性提出的要求。工作安全性是针对火工系统的应用环境，对各火工装置的污染量、工作产物、工作冲击环境提出的要求。确保火工系统工作过程中和工作完成后不会对其他系统产生危害性影响，必要时应进行防护设计和试验验证。一般情况下，需要考虑的危害性影响如下。

1）火工装置工作时产生的冲击；

2）电起爆器、点火器工作后，桥路隔断或短路搭接时，对供电线路的影响；

3）有行程的火工作动装置对附近设备的干涉；

4）火工装置工作时可能产生的碎片、火焰、燃气等对周围设备的影响；

5）电起火爆器工作瞬间产生的电磁脉冲。

7.5　火工装置的选用

火工装置的种类繁多，因此选用时，除遵循基本的火工装置选用原则外，还应根据各自的性能、特点和需要完成的功能进行选用。选用成熟产品时，可以参考供应商的产品手册。

7.5.1　基本选用原则

火工装置根据火工系统要求进行选用，尽量选用成熟产品，并应遵循以下基本原则。

（1）使用安全

必须保证火工装置在运输、装配、检测、贮存中的操作安全，以及在发射、飞行中的工作安全，确保在上述环境下不误爆，以免影响系统工作，甚至造成重大安全事故。

（2）工作可靠

选用火工装置时，应选择经过试验考核的、高可靠性的、满足系统要求的产品。

（3）裕度合理

火工装置作为一次性使用的元件，使用前无法进行功能测试，在装置选择时，应满足系统在起爆、传爆、输出等方面的功能裕度要求，同时，在满足系统可靠性要求的前提下，确定合理的功能裕度上限。

（4）感度合适

感度是指火工装置在受到外界刺激时激发化学反应的难易程度。感度要求是为了保证火工装置工作的可靠性。感度越高，表示越容易激发化学反应，要求输入的刺激量越小。

感度过小，输入刺激要求过高，则可能造成产品在应该发火的情况下不发火；感度过高，则可能造成安全隐患。

（5）威力适当

火工装置的输出量被称为是火工装置的威力。火工装置的威力需要根据后续序列的要求确定。过大、过小都不利于使用。威力过小则可能导致不能引爆后续序列；威力过大，则容易产生安全隐患。

（6）贮存安定

火工装置在一定条件下贮存，不发生变化或失效的特性称为长期贮存的安定性。一般军用火工装置规定的贮存期为 15 年以上。外界环境条件（主要是温湿度）可能会经常变化，如果产品的安定性不好，就可能导致失效。温湿度引起产品变化，源于火工装置药剂各成分之间，以及药剂与金属和非金属之间，由于温度或水分促成的化学与物理反应。选用材料时必须充分考虑各成分间的相容性，注意产品的结构形式、密封性等。

（7）环境适应性

火工装置在航天飞行器中使用，需要适应非常复杂和恶劣的外界环境，在选用时，应进行适应性分析，必要时，开展环境适应性试验，以确定是否满足火工系统提出的环境条件要求。

7.5.2　起爆器的选用

选择起爆器时，要同时考虑输入要求和输出要求。

1）根据输入刺激的不同，起爆器可以分为电起爆器、机械起爆器、激光起爆器等几大类。选用时应根据输入能源的类型选择与之匹配的起爆器。

2）根据系统中后续装置的输入类型和性能的要求，选择不同输出性能的起爆器，使起爆器的输出（火焰、爆轰、燃气等）能够可靠激发下游火工装置。

例如，某伺服系统燃气发生器对点火器提出的要求为：供电起爆、压力-时间曲线要满足燃气发生器的点火要求，工作后还要承受长时间的高温高压气体反压作用。因此，在选择点火器时，选择输出燃气压力-时间曲线满足要求的电隔板点火器。

延期点火器应根据延期时间、延期精度及工作的环境条件进行选择。

7.5.3　传爆装置的选用

传爆装置的选用通常考虑以下因素。

（1）输出能量

输出能量以能够确保可靠传爆为准，使传爆装置能够可靠引爆下级火工装置。若下级火工装置输入能量要求大，则应选择输出端具有能量放大功能的传爆装置。

（2）传爆时间

常用的导爆索组件的传爆速度可达 7 000 m/s，根据系统对传爆时间的要求合理分配导爆索长度并选择延期火工品,以满足系统各个终端工作时序的要求。

(3) 传爆可靠性

对于传爆环节可靠性指标要求高的系统,可以考虑采用双芯导爆索或者双路导爆索输出接头,以增加传爆环节的冗余,提高传爆可靠性。

7.5.4　终端火工装置的选用

(1) 分离装置的选用

根据结构形式,分离装置主要分为点式分离装置和线性分离装置。点式分离装置一般适用于需要反复拆装、对分离冲击环境敏感、有较大操作空间的分离结构。线性分离装置一般适用于分离面连接刚度和载荷要求高、对分离冲击不敏感、无需反复拆装的分离结构。

点式分离装置主要有两类,一类是爆炸螺栓,另一类是火工机构装置。由于采用点式分离装置的系统功能是由多个点式分离装置共同工作来完成的,任何一个点式分离装置工作失效,都会使系统不能完成预定功能。系统中的点式分离装置越多,系统可靠性越低。因此在满足承载能力的前提下,尽可能减少系统中点式分离装置的数量,同时优先选用可靠性高的点式分离装置。其他需要考虑的因素还有分离同步性、分离冲击环境、分离污染、安装和操作空间限制等。

当航天飞行器对线性分离装置工作后的污染量有严格要求时,一般选用膨胀管-凹口螺栓分离装置、膨胀管-凹槽板分离装置、气囊分离装置、机械锁连接装置和包带解锁装置。当分离结构空间有限,同时对分离后的污染量无严格要求时,可选用切割索分离装置和导爆索分离装置。

选择线性分离装置时,装置的承载能力应满足航天飞行器分离面的载荷要求,分离能力和分离时间应满足系统分离要求。对于气囊分离装置还需要考虑系统对装置的输出功、结构质量等特殊要求。

(2) 动力作动装置的选用

火工作动筒一般用于给受力体施加较大的作用力,使受力体获得较高运动速度的情况,选用依据是行程、驱动力、工作时间和同步性等主要参数指标。例如在选用行程式作动筒时,作动筒的平均驱动力与工作需要的推力比较应具有较大的裕度。

固体小火箭的选用依据包括总冲、工作时间、推力偏差、推力线偏移等主要参数指标。例如在级间、头体、星箭分离时,需要反向的短时间的大推力,则选择工作时间短的大推力火箭。在实现推进剂沉底时,应选用小推力、长时间的分离火箭。需要多个分离火箭同时工作时,需要选用推力偏差、启动不同步性和总冲偏差小的分离火箭。要求火箭喷口凸出航天飞行器外壁高度小时,可选用斜切喷管分离火箭。

气体发生器主要依据产气量和产气率进行选择,此外还需考虑工作时间和产气温度。

分离抛撒装置选用依据的主要参数包括推力和工作行程。根据有效载荷承受过载能力和分离点参数要求,确定分离抛撒装置的类型。当有效载荷的抗过载能力较高和分离速度较大时，一般选用爆炸式抛撒装置；当有效载荷的抗过载能力相对较差时，一般选用气囊式抛撒装置和波纹管式抛撒装置；当有效载荷的抗过载能力较差且有防污染要求时，则选用活塞式抛撒装置。

（3）安控装置的选用

电爆阀选用依据的主要参数包括工作压力、介质流量、泄漏率和响应时间。电爆阀的工作压力应大于在管路系统中承受的最高压力，电爆阀的介质流量应不低于管路系统对介质流量的要求，同时相应时间和泄漏率需要满足系统要求。

爆炸器选用依据的主要参数为输出威力和安全性。爆炸器的输出威力应能确保对结构的有效破坏，在满足质量指标的前提下，输出威力应尽可能大。同时在安全性方面，应满足产品在运输、总装、发射到飞行的整个过程中的操作和使用安全，不发生意外起爆。

第8章　可靠性和安全性设计

8.1　概述

航天火工装置作为一次性使用，功能不可预测的产品，其可靠性与安全性设计对确保系统任务成功至关重要，一旦发生故障，将给整个系统带来灾难性的后果。基于此，国内外宇航界对火工装置可靠性与安全性设计提出了越来越高的要求。

火工装置的可靠性设计一般由起爆器发火可靠性、传爆序列可靠性、作动装置功能可靠性、结构强度可靠性等环节组成。起爆器可以作为标准件或通用产品进行正确选用，因而确保其可靠性的重点在于正确使用，保证起爆器满足规定的工作裕度并尽量采用冗余，避免单点失效。传爆序列设计中要考虑起爆器的输出性能及其散差、传爆间隙及误差、轴向错位和角度偏差，以及传爆间隙和容腔误差对传爆的影响。作动装置的功能可靠性主要靠冗余设计和性能裕度设计来保证。结构强度一般按应力-强度干涉理论进行可靠性设计。由此可见，冗余设计和裕度设计是确保航天火工装置可靠性的有效措施。

火工装置的安全性设计应满足在特定的火工系统中、特定的环境条件下和特定的操作使用过程中能够尽量消除危险，如不能消除，应采取有效措施降低风险，使之能达到可以接受的安全性水平。安全性设计的基本原则主要有：

1）药剂钝感，装置钝感；

2）在电起爆火工系统中，应该少用电起爆器，在必须使用电起爆器时应选用钝感电起爆器，在一些关键要害部位应采用保险装置；

3）符合安全性裕度要求；

4）将危险性降到最小，必要时采取有效的安全保险措施；

5）除考虑火工装置自身安全性，还应关注对外部系统的影响。

8.2　火工装置可靠性设计

8.2.1　可靠性设计基本要求

航天火工装置通常采取冗余设计、裕度设计来确保可靠性。

（1）冗余设计

1）关键性的火工装置应采用冗余技术，以提高工作可靠性。例如，采用双起爆器来保证单个起爆器失效不会造成火工装置功能的失效；在可能的情况下应使用冗余火工装置完成同一功能。

2）冗余爆炸序列间应完全独立。

3）单一双桥带（丝）电起爆器不应算为冗余元件。

（2）裕度设计

航天火工装置对裕度设计都有明确的要求，并形成了标准规范。典型火工装置的裕度设计要求如下。

①起爆器

起爆器的全发火能量应不大于最小工作能量的50％；最小输出能量应比传爆序列或终端装置所需最小输入能量至少高25％。对于隔板起爆器，要求在规定装药量、隔板厚度为1.2倍最大规定厚度时，施主装药应能起爆受主装药。

②传爆装置

传爆装置的施主和受主元件的爆轰传递应满足：在传爆间隙为4倍最大规定间隙的情况下，规定装药量的施主装药应能引爆受主装药；或在最大规定间隙下，75％（或更低）装药量的施主装药能引爆受主装药。同时，在最小规定间隙的50％或无间隙条件下，规定装药量的施主装药应能引爆受主装药；或在最小规定间隙下，75％（或更低）装药量的施主装药能引爆受主装药。

③切割分离装置

切割分离装置在规定炸高（间隙）时，用最小规定切割装药量的67％或更低药量应能切割最大厚度的规定材料，或用规定切割装药量应能切割至少1.5倍最大厚度的规定材料。

④火工作动筒

火工作动筒在最大输入能量（或装药量）的120％或更高，且在不增加初始自由容积条件下，能完成最终功能，并保持结构完整；承受拉、压或剪切等外载荷的火工作动筒结构还应满足在承受至少1.2倍最大工作载荷时，性能不降低。在最小输入能量（或装药量）的80％或更低条件下，能完成其最终功能；在最恶劣的外载荷条件和结构偏差情况下，应能完成规定功能。

8.2.2 可靠性裕度概率设计方法

（1）可靠性数学定义

火工装置的可靠性定义为

$$R=P(x>y)$$

式中 x——设计特征量，即某种阻止产品失效的特征量，如装药量、传爆间隙、引爆角度、切割索炸高等；

y——设计容限量，即对某种引起失效因素限止界限，如应力极限、任务时间等。

由上式可知，$x>y$ 的程度就是广义的可靠性裕度。为了实现可靠性裕度设计，必须准确地确定设计特征量，即可靠性特征量。

（2）可靠性特征量的确定思路

确定可靠性特征量的一般思路如下。

1）遵循可靠性工程的基本原则：抓薄弱环节，即需要将产品化整为零，分解为若干环节，并通过分析，准确确定其中哪些是薄弱环节。

2）针对薄弱环节，继续进一步深入分析，根据功能要求以及可能存在的故障模式，从而确定可靠性特征量，即能反映该环节可靠性且可检测的随机变量。应尽量寻求连续的计量型变量，而不是离散的计数型（成败型）变量。

根据确定的设计特征量，通过试验进一步寻求其临界值及其概率分布，获得分布参数，建立裕度设计方程，完成广义裕度概率设计，从而实现可靠性量化设计。

（3）可靠性裕度概率设计的一般步骤

可靠性裕度概率设计的一般步骤如下。

①将复杂产品分解为若干环节，并确定薄弱环节

根据产品功能要求、工作过程将产品化整为零，分解为若干环节，然后可通过 FMEA 找出发生可能性较大的两类故障模式，据此确定薄弱环节。

②确定广义裕度设计特征量，定义薄弱环节可靠性

针对确定的薄弱环节，进一步深入分析产品功能及关键的故障模式，从而确定设计特征量及设计容限量，并定义薄弱环节可靠性。

③通过试验寻求设计特征量临界中心值

某环节特征量实质上就是反映某环节功能随机状态的变量。因此，当环节功能恰好处在好或坏边界状态时所对应的特征量值称为特征量临界值，其中值就是临界中心值。临界中心值可以采用 0.618 优选法或其他适当的方法来确定。

④寻求临界值分布规律，并确定分布参数

特征量临界值是随机变量，产品的生产批次不同，甚至同批次产品不同个体，特征量临界值也不尽相同。它必服从某种概率分布，因此必须通过试验寻求特征量临界值的概率分布规律，并确定分布参数，即均值和方差。

⑤列出广义裕度设计方程，确定特征量设计值

设某环节特征量设计值为 x_0，投入分布规律试验的试验数为 n，试验样本均值为 $\bar{x}$，试验样本标准差为 S，广义裕度设计方程为

$$x_0 = \bar{x} \pm KS$$

式中　K——可靠性裕度系数，与该环节可靠性指标 R、试验数 n、置信度 γ 有关，查
　　　　GB/T 4882 数表可得。

当特征量设计值越大越好时用"+"号，反之用"-"号

（4）示例：CZ-2F 火箭助推器分离螺母可靠性设计

CZ-2F 火箭助推器分离螺母是箭体与助推器的捆绑分离部件之一。分离前，通过分离螺母使助推器与箭体呈捆绑状态；分离时，发火管点火，激发火雷管，通过传爆药柱使

主装药引爆，将减弱环切断，实现分离。

根据分离螺母的可靠性分析，分离螺母可分为点火、传爆、切断 3 个主要环节，这 3 个环节构成可靠性串联系统。下面仅以切断环节为例来说明可靠性设计方法。

所谓切断环节的可靠性就是当主装药引爆后，能够将减弱环正常切断的概率，影响切断可靠性的主要因素是减弱环厚度与主装药量。减弱环厚度必须保证其有足够强度，同时还须保证主装药引爆后能将其切断。这意味着在减弱环厚度一定的条件下，主装药量是反映可靠性的一个特征量，即主装药量越大，切断可靠性越高。按照前面提到的概念，切断可靠性可表示为

$$R = P(\omega < \omega_0)$$

式中　ω——临界药量，即减弱环刚好被切断所对应的装药量；

　　　ω_0——设计药量。

由此可知，切断环节的设计归结为如何确定主装药量。为解决这个问题，可采取如下的设计步骤。

1）减弱环结构强度设计，确定减弱环厚度。

2）在保证减弱环具备一定厚度的条件下，寻找主装药临界药量的中心值，可以采用单因素优选的黄金分割法（0.618 法）求得。

3）确定临界药量的分布。临界药量是随机的，各批火工品临界药量不尽相同，必遵循某种分布。为了寻求这种分布，可按找到的临界药量中心值规定适当范围，按此范围划分成 n 组，每组投入 m 个样件，进行引爆试验，根据试验结果采集数据，检验其分布规律，并估出分布参数，当数据符合正态分布时，则可算出临界药量均值与标准差为

$$\bar{\omega} = \frac{1}{n} \sum_{i=1}^{n} \omega_i$$

$$S_\omega = \sqrt{\frac{1}{n-1} \sum_{i=1}^{n} (\omega_i - \bar{\omega})^2}$$

例如，已经找到临界药量中心值为 17 g，规定药量范围为（17±2）g，按此范围划分成 9 组：15，15.5，16，16.5，17，17.5，18，18.5，19，每组投入 4 个样件进行引爆试验，试验结果为 15 g，15.5 g 的两组样件均未切断；而 18.5 g，19 g 的两组样件全部切断，由于这 4 组数据未能反映临界状态，故应予剔除，从而共采集到 5 组数据，经过统计检验符合正态分布，得

$$\bar{\omega} = 17 \text{ g}, \ S_\omega = 0.791 \text{ g}$$

4）确定装药量设计值。由于临界药量 ω 符合正态分布，故切断可靠性可表示为

$$R(\omega_0) = P(\omega < \omega_0) = \int_{-\infty}^{\omega_0} \frac{1}{\sigma \sqrt{2\pi}} e^{-\frac{(\omega - \mu)^2}{2\sigma^2}} d\omega$$

$$= \int_{-\infty}^{\frac{\omega - \mu}{\sigma}} \frac{1}{\sqrt{2\pi}} e^{-\frac{t^2}{2}} dt$$

$$= \Phi\left(\frac{\omega - \mu}{\sigma}\right)$$

$$= \Phi(t_R)$$

式中　ω_0——装药量设计值；

　　　μ——临界药量母体均值；

　　　σ——临界药量母体标准差；

　　　t_R——相应于 R 的正态分布分位数。

从而，装药量设计值可表示为

$$\omega_0 = \mu + t_R\sigma$$

由上式可见，若给定 t_R［相当于给定 $R(\omega_0)$］，可以求得 ω_0，但是由于 μ、σ 未知，只能直接用样本的 $\bar\omega$ 与 S_ω 分别去代替它们，这样必将带来误差，为反映这种误差，需寻求一个 K 系数使下式成立

$$P(\bar\omega + KS_\omega \geqslant \mu + t_R\sigma) = 1 - \alpha$$

式中　$1-\alpha$——置信度；

　　　K——可通过非中心 t 分布分位数求得。

根据可靠性指标 R、试验组数 n、置信度 $1-\alpha$，查 GB/T 4882 数表，得到 K，于是装药量设计值为

$$\omega_0 = \bar\omega + KS_\omega$$

本例中，$R=0.995\,5$，$n=5$，$1-\alpha=0.95$，查 GB/T 4482 数表，得 $K=6.396\,5$，最后得装药量设计值为

$$\omega_0 = 17 + 6.396\,5 \times 0.791 = 22.06 \ (\text{g})$$

按此装药量，可保证切断可靠性为 $0.995\,5$[22]。

8.3　火工装置安全性设计

8.3.1　安全性设计方法

（1）结构安全性设计

承力件的结构强度应能承受工作条件下产生的所有机械载荷和热应力，并具有一定的裕度。承受内压件的结构强度应能承受预计最大工作压力的 1.5 倍；承受冲击载荷的零件结构强度应至少设计成最大冲击力的 2 倍，必要时应采用缓冲件减小冲击力；在需严格限制预紧力时，应采用可测量的方法控制预紧力。

（2）发火元件选用安全性设计

应尽可能选用钝感发火元件；禁止采用导电药电爆装置；选用机械发火元件时，应采用保险措施，如设置保险销。以起爆器为例，要求起爆器在施加 50% 全发火能量的情况下不发火；对于钝感电起爆器，要求在输入直流电流至少 1 A 且功率不小于 1 W，通电 5 min（简称"1 A1 W5 min"）的情况下不发火、不失效；最大输出能量应比传爆序列或终端装置所能承受的最大输入能量至少低 20%。对于隔板起爆器，要求在规定装药量、隔板厚度为 0.8 倍最小规定厚度时，施主装药起爆受主装药后，隔板结构不泄

漏、不破损。

（3）环境安全性设计

火工装置要开展电磁、热、力学等环境安全性设计。

在电磁环境安全性设计方面，要增加其防静电、防射频、防杂散电流的能力。电火工品除满足 1 A1 W5 min 不发火的基本要求外，还应根据应用场合的电磁环境条件进行射频感度测定、静电放电试验、杂散电流试验，考核其防射频能力。

在热环境安全性设计方面，一是考虑火工品在弹（箭）体内部经受的热环境；二是考虑火工元件及原材料的耐热性能，如熔点、爆发点、自燃温度及热安定性等。按照标准规范要求，火工品所经受的制造、贮存、安装、运输、发射和飞行期间的最高预示环境温度应比药剂熔点、分解、自燃的最低温度至少低 30℃。因此，当环境温度超过火工元件及原材料的热承受能力时，应采取防热措施或更换更好的耐热材料。

在力学环境安全性设计方面，要考虑药剂的摩擦、撞击感度、耐压强度以及火工品所处的环境状态。在结构设计时，使火工品本体与各零件具有足够的强度，在外力作用下不破坏、不自爆。

8.3.2　安全性分析方法

火工装置的安全性分析包括火工药剂的性能分析和使用过程的安全性分析两方面。对于使用过程中的安全性分析，应根据火工装置在航天飞行器中特定的应用剖面，对装配、运输、贮存、测试和发射等使用过程中的危险特征和危险源进行针对分析。下文仅对火工药剂的性能分析进行阐述。

火工药剂是接受外界的初始冲能或某种刺激，促使其本身快速反应，进行能量转换，产生足够的能量输出，以引燃传火对象实现传火序列，或引爆猛炸药实现传爆序列。火工药剂是各种引燃和引爆火工品的基本装药，是它们的能源。根据火工药剂本身发生固体快速反应进行能量转换形式的不同（燃烧、爆燃或爆轰），火工药剂可以分成起爆药、击发药、针刺药、点火药和延期药等。

（1）相容性分析

相容性是用来评价火工药剂长期贮存安全性与使用可靠性的一项重要性能指标。所谓相容性又称反应性，是指两种或两种以上的物质相互接触（如混合、粘接、吸附、分层装药、填装金属壳体等）组成混合体系后，体系的反应能力与单一物质相比其变化的程度。与单一物质相比，体系反应能力明显增加，则各组分是不相容的；反应能力没改变或改变很少，则组分是相容的[23,24]。

由于火工药剂容易受到相邻药剂、材料以及环境水分的影响，因此需要对其样本进行相容性分析。常用的火工品药剂相容性分析方法有微热量热法、压力传感器法、差热分析法（DTA）和差示扫描量热法（DSC）、金属的腐蚀性试验等。此外，还有一些针对特殊药剂专门设计的试验方法，如气相色谱法、银镜试验法、显微摄影法、机械力学法、计算机程序 ETIP 法、化学发光法、化学反应性试验等[23]。

①微热量热法

根据 GJB 5891.15—2006，微热量热法是用微热量热仪分别测定两种试样及其混合试样在一定温度条件下的热流曲线（或热量），通过比较单独成分试样的理论热流曲线（或理论热量）与混合试样的热流曲线（或热量）之差，评价被测药剂的相容性。

②压力传感器法

根据 GJB 5891.16—2006，压力传感器法是将定量药剂在定容、恒温和真空条件下加热分解，释放出的气体产生压力，由真空安定性测试仪测量，并换算成标准状态下的体积；通过将混合试样与两个单一试样放出的气体量进行比较，评价被测药剂的相容性。

③差热分析法和差示扫描量热法

根据 GJB 5891.17—2006，DTA 和 DSC 的基本原理是被测药剂在不同的温度下，由于化学或物理变化产生热效应可引起被测药剂温度的变化，用差热分析仪或差示扫描量热计测量并记录被测药剂与参比物间温度差的变化与温度的关系，绘制成曲线（即 DTA 或 DSC 曲线），通过计算曲线上混合体系相对于定为基准的单独体系的分解峰峰顶温度的改变量和表现活化能改变率的大小，评定被测药剂与接触材料间的相容性。

④金属的腐蚀性试验

由于新药剂的出现，以及用来制造如雷管元件、桥丝等器件的新金属的日益增多，所以必须检验金属腐蚀对相容性的影响程度。检验方法是在一定条件下直接让药剂与金属材料接触进行观察分析，该方法能够直观、真实地反映药剂与金属之间的相容性。若结合扫描电镜的微区图片分析，可以更清楚、准确地看到金属受腐蚀的程度。这种方法的优点是直观、真实，主要研究金属与药剂之间的相容性[23]。

（2）安定性分析

在火工装置的运输、贮存等各阶段中，如果环境温度过高，会使火工药剂发生缓慢的热分解，药剂的分解会产生一些具有催化作用的物质，使药剂的自催化反应速度加快，热量积累增加，从而使热分解过渡到热爆炸。相应地，如果热分解反应长期缓慢地进行，则使药剂逐渐分解，从而当火工装置受到刺激作用时不能正常发火作功，造成火工装置失效。因此，火工装置应开展热安定性和化学安定性分析，常用的分析方法有真空安定性试验、热安定性试验、高温高湿安定性试验等。

①真空安定性试验

根据 GJB 5891.12—2006，真空安定性试验采用压力传感器法，基本原理是定量的被测药剂在定容、恒温和一定真空度的条件下受热分解产生气体，并作用于压力传感器，测量其压力值，根据理想气体状态方程式换算成标准状态下的体积；通过测定被测药剂受热分解后所产生的气体体积的多少，评价该药剂的安定性。该方法适用于加热后产气量相对较大的火工品药剂安定性的测定。

②热安定性试验

根据 GJB 5891.13—2006，热安定性试验采用75℃加热法，基本原理是将定量的被测药剂在专用装置内受热分解或挥发，测定一定温度下、一定时间内试样减少的质量，以试样减少的质量百分数评价被测药剂的热安定性。

③高温高湿安定性试验

根据 GJB 5891.14—2006，高温高湿安定性试验采用微热量热法，基本原理是将定量的被测药剂置于高温（高于室温）和高湿环境条件下，用微热量热计测定其由于分解所吸收或放出的热量，用所测得的热量值或热流曲线评价被测药剂的安定性。

（3）感度分析

火工药剂感度是指药剂在受到外界能量作用时发生激发化学反应的难易程度。外界能量有很多形式，如：机械作用（撞击、摩擦、针刺）、热作用（火焰、加热）、波作用（冲击波、爆轰波）、电作用（电火花、静电）、光作用、粒子作用等，在各能量形式作用下，药剂表现出相应的感度。试验表明：外界能量形式不同，引起药剂发生激发化学反应所需能量的大小也不相同，药剂的感度不仅决定于所用材料的化学结构、组成、物理化学性能，还与药剂的物理状态、装药条件有关，感度是大量因素的函数。这涉及药剂的激发化学反应机理，机理不同，所需 E_a（能栅，为表征感度的特征量）的大小也不同。

因此，药剂的各种感度不是一个严格的固定值，各种感度之间也无当量的关系。各种药剂对不同形式的外界能量表现出很大的选择性，也就是说构成火工药剂的化合物或组成对于不同的能量刺激具有不同的 E_a，即药剂特征感度。特征感度药剂应同时具有以下两种性能。

1）对火工品换能元给予的刺激能及形式（如激光、冲击波、等离子等），激发反应能栅要小，追求最小值；

2）对体系环境所处的能量及形式（如撞击、摩擦、加热、静电、电磁）激发反应能栅要大，追求最大值，见图 8-1。因此，特征感度药剂适用于或仅用于发火刺激能有别于环境能量形式的先进火工品。

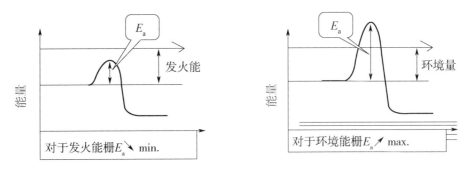

图 8-1　药剂的特征敏感概念

因此，应尽可能选择高能、安全、低感度药剂或特征感度药剂。

第 9 章　火工装置试验

9.1　概述

航天火工装置设计的关键是"使用安全、功能可靠"。火工装置的安全性与可靠性主要通过足够的设计裕度予以保证，通过严格控制生产质量得以实现。其中，全面、系统、严格的试验验证和考核，是确保航天火工装置性能和质量的根本。火工装置是一类内装含能材料（起爆药、炸药和推进剂等）的危险品，产品一次性作用，功能不可检测，只能通过破坏性发火试验提供性能和功能信息，间接评价产品。因此，火工装置不同于电子类和结构类产品，其试验要求和试验方法具有特殊性。

火工装置分布在航天飞行器上各个分系统中，数量品种多，功能重要，必须确保安全、可靠。火工装置的固有可靠性通过设计裕度实现，用设计裕度覆盖产品在生产、装配、贮存和使用过程中各种偏差带来的不确定性。火工装置设计裕度涉及功能、性能、强度、环境和使用等方面，通过设计验证试验和设计鉴定试验进行检验，这些试验结果包含了产品性能和功能可靠性的主要信息，通过对这些可靠性信息进行量化，可以获得对产品完整、真实、有效的可靠性评估结果。

9.2　试验依据

火工装置试验的依据主要有功能和性能要求，航天飞行器力学环境、热环境、自然环境要求，以及火工装置专用的国家军用标准和行业标准。

9.3　试验项目

火工装置主要的试验项目可以分为设计验证试验、设计鉴定试验、批验收试验、可靠性试验和寿命试验。

1）设计验证试验：通过设计验证试验确定关键环节的作用裕度，验证设计裕度满足规范要求的情况，试验项目主要有起爆试验、传爆试验、能量输出试验、驱动做功/推力/切割试验、强度试验等。

2）设计鉴定试验：通过设计鉴定试验对产品的最终设计状态、规定的材料、工艺、制造和质量控制等进行考核，对产品的最终设计状态进行鉴定。主要的试验项目是环境适应性试验。

　　3）批验收试验：通过批验收试验对每批产品的质量一致性进行检验，验证产品技术状态、制造工艺和质量控制的一致性。其主要试验项目与设计鉴定试验基本相同，并结合具体的产品对试验项目进行适当删减。

　　4）可靠性试验：可靠性试验用于对火工装置性能可靠性的评估，在产品状态已确定并完成了设计鉴定试验之后进行。可靠性评估可以充分利用产品在设计验证试验、设计鉴定试验、产品批验收试验和地面大型试验等各项试验结果作为评估产品可靠性的子样，根据具体情况适当补充单项试验子样，累计后综合评估可靠性。

　　5）寿命试验：一般进行实时老化监视，如果时间不允许，可按国军标的规定进行加速老化试验，给出贮存期评定结论。

9.4　设计验证试验方法

　　设计验证试验主要验证产品设计的各项可靠性关键环节的功能裕度，用于设计验证试验的产品应与最终产品的关键技术状态一致，试验结果应对最终产品有效。对于火工装置来说，设计验证试验的重点是进行性能裕度试验。在进行设计验证试验时，将火工装置分为起爆器、隔板起爆器、传爆装置、索类切割装置和火工作动装置等五类。其中，起爆器包括电起爆器、点火器和机械起爆器等；传爆装置包括各种索类火工装置、延期装置；索类切割装置包括切割索分离装置和导爆索分离装置等；火工作动装置包括拔销器、切割器、爆炸螺栓、分离螺母、燃气发生器、行程式作动筒、电爆阀、固体小火箭等。火工装置裕度试验方法可参考附录 A。

9.4.1　起爆器性能裕度

　　（1）全发火能量

　　起爆器的全发火能量应满足以下要求。

　　1）在规定的全发火能量环境下，起爆器应在规定的时间内发火，发火可靠度应大于 0.999，置信度 0.95；

　　2）电起爆器在全发火电流输入条件下，发火作用时间应不大于 50 ms；

　　3）机械起爆器的全发火能量应不大于最小工作能量的 50%。

　　（2）不发火能量

　　起爆器的不发火能量应满足以下要求。

　　1）在规定的不发火能量刺激下，起爆器应不发火，不发火可靠度应大于 0.999，置信度 0.95；

　　2）钝感电起爆器在满足输入直流电流至少 1 A 且功率不小于 1 W，通电 5 min，电起爆器不发火、不失效；

　　3）非钝感电起爆器的不发火能量应满足使用安全要求；

　　4）机械起爆器的不发火能量应满足施加 50% 全发火能量后，起爆器不发火。

（3）输出能量

起爆器的输出能量应在规定的范围内，且满足以下要求。

1）起爆器的最小输出能量应比传爆序列或终端装置所需最小输入能量至少高 25%；

2）起爆器的最大输出能量应比传爆序列或终端装置所能承受的最大输入能量至少低 20%。

火焰压力输出类火工装置的输出能量采用在密闭爆发器上测量输出压力-时间曲线，或终端机构上测量力和位移等方法确定；爆轰输出类火工品的输出能量采用爆炸后测量金属板的凹痕深度，测输出威力的方法确定。

输出能量裕度也可采用下列方法验证。

1）起爆器按最小输出能量的 80% 装配，取 5 发试验件，安装到传爆序列或终端装置上，按规定条件起爆；

2）起爆器按最大输出能量的 125% 装配，取 5 发试验件，安装到传爆序列或终端装置上，按规定条件起爆。

9.4.2　隔板起爆器性能裕度

隔板起爆器的性能应能够满足以下要求。

1）最大隔板厚度：在规定装药量条件下，施主装药应能通过 1.2 倍最大规定厚度的隔板起爆受主装药；

2）最小隔板厚度：在规定装药量条件下，施主装药应能通过最小规定厚度 80% 的隔板正常起爆受主装药，发火后隔板结构应不泄漏、不破损。

（1）最大隔板厚度试验

按规定装药量和 1.2 倍最大规定厚度的隔板装配，取 6 发试验件，按最终使用状态安装到试验工装上，其中 3 发在最低预示工作温度下正常起爆受主装药，另外 3 发在最高预示工作温度下正常起爆受主装药。

（2）最小隔板厚度试验

按规定装药量和最小规定厚度 80% 的隔板装配，取 6 发试验件，按最终使用状态安装到试验工装上，其中 3 发在最低预示工作温度下正常起爆受主装药，另外 3 发在最高预示工作温度下正常起爆受主装药。

9.4.3　传爆装置性能裕度

（1）传爆装置的施主和受主元件的爆轰传递应满足的要求

1）最大传爆间隙：在规定施主装药量、4 倍最大规定间隙的条件下能引爆受主装药，或按规定施主装药量的 75%（或更低），在最大规定间隙下能引爆受主装药。

2）最小传爆间隙：在规定施主装药量下，按最小规定间隙的 50% 或无间隙的条件下能引爆受主装药，或按规定施主装药量的 75%（或更低），在最小规定间隙的条件下能引爆受主装药。

（2）最大传爆间隙试验

1）将传爆装置按系统使用状态和条件连接到终端装置上，传爆装置中的施主装药与受主装药至少按最大规定间隙的 4 倍条件安装，在规定温度下起爆传爆装置。

2）传爆装置的施主装药量按规定装药量的 75% 或更低，施主装药与受主装药按最大规定间隙条件安装，在规定温度下起爆传爆装置。

（3）最小传爆间隙试验

最小传爆间隙试验按下列方法之一进行。

1）将传爆装置按系统使用状态和条件连接到终端装置上，传爆装置中的施主装药与受主装药至少按最小规定间隙的 50% 或无间隙的条件安装，在规定温度下起爆传爆装置。

2）传爆装置的施主装药量按规定装药量的 75% 或更低，施主装药与受主装药按最小规定间隙条件安装，在规定温度下起爆传爆装置。

必要时应考虑施主与受主的轴向错位和角度偏差等恶劣条件。该试验至少进行 5 次。

9.4.4　索类切割装置性能裕度

（1）切割能力

索类切割装置应验证最恶劣状况下的功能，切割能力应符合以下条件之一。

1）在规定炸高（间隙）条件下，用最小规定切割装药量的 67% 或更低药量应能切割最大厚度的规定材料。

2）在规定炸高（间隙）条件下，用规定切割装药应能切割至少 1.5 倍最大厚度的规定材料。

3）切割索通常按照 1.5 倍切割厚度进行裕度试验，柔性导爆索通常按照 67% 装药量进行验证。

（2）性能裕度试验方法

索类切割装置的性能裕度试验按下列方法之一进行。

1）聚能切割装置按最小规定切割装药量的 67% 或更低药量装药，至少取 6 发试验件，分别固定在与真实使用条件一致或模拟真实使用条件的试验工装上，在规定炸高下发火，切割最大厚度的规定材料。试验时应测量相关性能参数如安装间隙、作用时间、侵彻深度、冲击响应等。

2）至少取 6 发规定切割装药的聚能切割装置，分别固定在与真实使用条件一致或模拟真实使用条件的试验工装上，在规定炸高下发火，切割至少 1.5 倍最大厚度的规定材料。试验时应测量相关性能参数如安装间隙、作用时间、侵彻深度、冲击响应等。

9.4.5　火工作动装置性能裕度

火工作动装置的性能应满足以下要求。

1）最大输入能量：火工作动装置应能够在最大输入能量（或装药量）的 120% 或更

高，且不增加初始自由容积条件下，完成最终功能，并保持结构完整。按爆炸序列或起爆器最大输出能量的 120% 或更高，取 6 发试验件，其中 3 发在最低预示温度下发火，3 发在最高预示温度下发火。试验工装应能模拟系统真实使用的结构、材料、动力学特性、摩擦、刚度等条件。发火时测定规定性能参数如作用时间、位移、推力、速度、冲击响应、应力、污染等。

2）最小输入能量：火工作动装置应能够在最小输入能量（或装药量）的 80% 或更低条件下，完成其最终功能。

按爆炸序列或起爆器最小输出能量的 80% 或更低，取 6 发试验件，其中 3 发在最低预示温度下发火，3 发在最高预示温度下发火。试验工装应能模拟系统真实使用的结构、材料、动力学特性、摩擦、刚度等条件。发火时测定规定性能参数如作用时间、位移、推力、速度、冲击响应、应力、污染等。

承受拉、压或剪切等外载荷的火工作动装置应至少能承受 1.2 倍最大工作载荷，性能不降低。火工作动装置在最恶劣的外载荷条件和结构形式下发火，应能完成规定功能。

在常温下，至少取 2 发火工作动装置，按规定外载荷的 1.2 倍加载后，在模拟系统预计最恶劣载荷条件的专用试验工装上发火。

火工作动装置在系统规定的安装方式和使用条件下发火应能完成规定功能。试验工装应能模拟系统真实使用的结构、材料、动力学特性、摩擦、刚度等条件。试验后的产品应采用分解、射线照相等方法确认其功能正确，可测量的性能参数应在规定范围内，并与以往试验数据的统计值一致。

膨胀管类分离装置的性能裕度也可按照火工作动装置的要求进行验证。

将火工作动装置安装在真实系统结构上，按系统要求和条件进行发火试验，试验时应考核各种边界条件，测量规定性能参数，以评估火工作动装置与系统的匹配性和完成功能的情况。

9.5　设计鉴定试验方法

通过设计验证试验后方可进行设计鉴定试验，设计鉴定试验用的产品应根据最终设计和规定的材料、工艺制造，且按质量控制要求检验合格。设计鉴定试验环境条件主要按照航天飞行器具体环境要求进行，一般包括自然贮存环境、力学环境和飞行热环境。

9.5.1　火工装置设计鉴定试验顺序的确定

设计鉴定试验顺序安排原则如下。

（1）产生最大环境影响

按后一环境能暴露或加强前一环境作用的原则安排，至少前一试验不能降低后一试验的效果。如泄漏试验在振动试验后进行能暴露振动结果，而盐雾试验在霉菌试验前会影响长霉效果；湿热试验后可安排低温试验，但不能安排高温试验，由于湿热试验中吸收了水气，在低温试验中会结霜，加剧了低温对产品的破坏性；温度冲击试验一般先低温后高温，产品在正常环境下内存的水份在低温下会产生附加破坏力。

（2）模拟实际环境出现的次序

对于运输、贮存和使用条件非常明确的火工品，可根据它们经受各种环境的先后顺序来确定试验顺序，这样真实性较强。

火工装置试验顺序通常分为并联与串联两类，全并联试验项目多用于方案阶段，目的是考核各个独立环境因素对产品性能的影响程度。而设计鉴定试验，火工装置通常采用并联加串联的试验顺序安排试验，目的是全面考核火工装置对实际使用环境的适应性。并联是将整个试验样品分组，每组独立进行试验；串联是在每个并联组下，多个试验项目按一定顺序进行的试验。串联试验优先按实际环境出现次序，其次按产生最大环境影响的原则进行顺序排列。

①并联组数的确定

以偶发性或意外出现，但会造成严重的可靠性或安全性结果的试验项目数为并联组数。通常这些项目在整个寿命期内不会同时出现或同时出现的可能性较小。这些项目有2 m跌落、12 m跌落、淋雨、高温、低温、温度冲击、贮存等。这些试验项目之间宜用并联，即以这些试验项目的数量为试验组数进行并联。

②串联试验项目的确定

以实际作业过程必须经受的生产、运输和使用环境的常规试验项目为串联试验项目。通常这些项目在整个寿命期内同时出现或同时出现的可能性较大。这些项目有静电、安全电流、杂散电流、运输振动、湿热、震动、冲击、过载等，它们之间宜用串联，且优先按实际环境出现次序（即序贯）进行串联试验。

③试验时间、费用及方便性考虑

除考虑序贯顺序外，还应考虑试验操作上的方便。为试验简便，在不影响考核产品性能条件下，力学试验可以适当调整到一起进行试验。当力学试验与自然环境试验顺序颠倒时，考核的结果应该更严酷，否则不能颠倒。

从试验时间和费用上考虑，各并联组不一定全部完成所有的串联试验项目，但至少应在自然环境、热环境和力学环境中分别选择一个项目，按产生最大环境影响原则进行串联试验。

9.5.2　典型火工装置设计鉴定试验方案

（1）起爆器

钝感电火工品通常为完全密封型产品，鉴定试验的重点是考核起爆器经过环境条件后，其安全性和输出性能是否合格。

起爆器设计鉴定试验按表9-1要求进行。

表 9 - 1　起爆器设计鉴定试验（206 发）

序号	试验项目	方法	试验分组							
			I	II	III	IV	V	VI	VII	VIII
			分组试验数量							
1	外观质量	附录 A.2.1	10	40	40	5	5	70	30	6
2	尺寸	附录 A.2.2	10	40	40	5	5	70	30	6
3	桥路电阻	附录 A.2.3	10	40	40	5	5	70	30	6
4	绝缘电阻	附录 A.2.4	10	40	40	5	5	70	30	6
5	密封性	附录 A.2.5	10	40	40	5	5	70	30	6
6	射线检查内部质量	附录 A.2.6	10	40	40	5	5	70	30	6
7	射频阻抗	附录 A.3.2	10							
8	射频感度	附录 A.3.3	10							
9	不发火能量	附录 A.1.2		40						
10	全发火能量	附录 A.1.1			40					
11	12 m 跌落	附录 A.4.1				5				
12	2 m 跌落	附录 A.4.2					5			
13	高温贮存	附录 A.4.3							30	
14	温度-湿度-高度	附录 A.4.5					5	70		6
15	静电感度	附录 A.3.1					5	70	30	6
16	震动试验	附录 A.4.7					5	70	30	
17	振动试验	按航天飞行器要求					5	70	30	
18	冲击试验	按航天飞行器要求					5	70	30	
19	非破坏性检查	附录 A.2.2~A.2.6					5	70	30	6
20	不发火安全性	附录 A.3.4					5	70	30	6
			发火试验							
	全发火输入能量（可靠度 0.999、置信度 0.95 的全发火输入能量）									
21	高温	附录 A.5.1					2	10	3	
	常温						1	10	4	6
	低温						2	10	3	
	额定输入能量									
22	高温	附录 A.5.1						10	3	
	常温							10	4	
	低温							10	3	
	最大输入能量（发火系统输出的最大预示能量 22 A）									
23	高温	附录 A.5.1						3	3	
	常温							4	4	
	低温							3	3	
24	发火后结构完整性检查	设计指标					5	70	30	6

（2）隔板点火器

隔板点火器设计鉴定试验按表 9-2 要求进行。

表 9-2 隔板点火器设计鉴定试验（68 发）

序号	试验项目	方法	试验分组			
			Ⅰ	Ⅱ	Ⅲ	Ⅳ
			分组试验数量			
1	非破坏性检查	附录 A.2.1 附录 A.2.2 附录 A.2.3 附录 A.2.6	40	1	18	9
2	全发火能量	附录 A.1.1	40			
3	12 m 跌落	附录 A.4.1		1		
4	2 m 跌落	附录 A.4.2			6	
5	高温贮存	附录 A.4.6				9
6	温度-湿度-高度	附录 A.4.5			18	
7	震动试验	附录 A.4.7			18	9
8	振动试验	按航天飞行器要求			18	9
9	冲击试验	按航天飞行器要求			18	9
10	非破坏性检查	附录 A.2.1 附录 A.2.2 附录 A.2.3 附录 A.2.6			18	9
发火试验						
11	高温	附录 A.5.1			6	3
12	常温				6	3
13	低温				6	3
14	发火后结构完整性检查	设计指标			18	9

（3）传爆装置

传爆装置设计鉴定试验按表 9-3 要求进行。

表 9-3 传爆装置和线式装置设计鉴定试验

序号	分组	方法	方法	数量
1	A 组	外观质量	附录 A.2.1 附录 A.2.2 附录 A.2.3 附录 A.2.6	6
2		尺寸		
3		结构内部质量		
4	C 组	温度-湿度-高度	附录 A.4.5	6
5		冲击	按飞行器要求	6
6		随机振动	按飞行器要求	6
7		常温发火	附录 A.5.1	2
8		高温发火		2
9		低温发火		2

（4）火工作动装置

火工作动装置设计鉴定试验按表 9 - 4 要求进行。

表 9 - 4　火工作动装置设计鉴定试验（68 发）

序号	试验项目	方法	试验分组			
			I	II	III	IV
			分组试验数量			
1	非破坏性检查	附录 A.2.1 附录 A.2.2 附录 A.2.3 附录 A.2.6	40	1	18	9
2	小药量驱动（相当于全发火能量试验）	附录 A.1.1	40			
3	12 m 跌落	附录 A.4.1		1		
4	2 m 跌落	附录 A.4.2			6	
5	结构承载	附录 A.1.11			18	
6	高温贮存	附录 A.4.6				9，
7	温度-湿度-高度	附录 A.4.5			18	
8	震动试验	附录 A.4.7			18	9
9	振动试验	按航天飞行器要求			18	9
10	冲击试验	按航天飞行器要求			18	9
11	加速度试验	附录 A.4.8			18	9
12	非破坏性检查	附录 A.2.1 附录 A.2.2 附录 A.2.3 附录 A.2.6			18	9
发火试验（输入能量按最大熵试验法）						
13	高温	附录 A.5.1			6	2
14	常温				6	2
15	低温				6	2
16	发火后结构完整性检查	设计指标			18	6

产品满足上述相应规定全部项目，则判定为该产品设计鉴定合格。非破坏性检查项目中出现的不合格产品允许剔除或返工后重新检查，但不合格率不应超过 10%；若重新检查出现不合格，则设计鉴定试验不通过。非破坏性检查项目外的其他项目出现不合格，设计鉴定试验不通过。

未通过设计鉴定试验的产品，应在纠正缺陷或改进设计后重新做鉴定试验。

9.6　批验收试验

批验收试验在火工装置通过鉴定试验后的批生产中进行，是对按照同一产品图样、规范和生产条件连续生产的批产品是否符合有关质量要求所进行的一种检验。批验收试验又称验收试验技术，通常采用抽样检验，即批生产的火工品按批量抽取一定数量的产品进行检测的试验。具体而言，通过设计鉴定试验确定了设计的先进性和合理性之后，转入生产阶段时再制定具体的产品规范，即制造与验收规范，作为交货和验收的依据，产品规范中规定的试验项目相对较少，只规定那些与生产过程密切相关的性能试验和武器使用中有特殊要求的一些试验，而对经过设计鉴定试验做过的、与设计和结构有关的项目则略去，与此同时，制造与验收规范中对生产过程密切相关的零部件、组件及工艺的检验却十分严格，以确保产品质量的一致性。

根据批量大小及可靠性要求高低，火工品连续生产批的抽样检验通常可分为调整型计数抽样和定数抽样检验两种。

调整型计数抽样方案本质上是适合于允许有失效（可靠性要求较低）且批量较大的产品，主要为了解决机械化生产的产品质量验收。当可靠度要求较高时，抽样方案实际上是一种零失效方案。所以，在20世纪90年代，美国国防部在对军用标准清理的过程中，规定禁止将固定缺陷水平（例如批准允许不合格率等）作为规范的固定要求。由于将固定缺陷水平作为规范的固定要求就意味着允许有缺陷，使接收不合格装备的过程制度化，因而不能激发承包商改进产品质量[1]。

9.6.1　调整型计数抽样方案

调整型计数抽样方案是目前最为广泛应用的抽样检验，它是根据厂方过去提供产品质量情况，调整检验的严格程度。因此，调整型计数抽样方案分正常、加严、放宽等三个方案，并有一套转换规则。当批质量正常时，采用一个正常的抽样方案进行检验；当批质量下降或生产不稳定时，改用加严的抽样方案进行检验，以减少用户承担的风险；当批质量上升时，改用一个放宽的抽样方案进行检验，以加强对厂方的保护。所以，调整型计数抽样方案适用于火工品连续生产批的抽样检验。在兵器行业中，由于火工品使用数量巨大，因此常采用该抽样方案。

9.6.2　定数抽样检验方案

定数抽样检验方案适合于批量较小而可靠度要求较高的产品的验收。典型航天系统用火工品的批量小于200，而要求可靠度在0.999（置信度0.95）以上。所以，在目前小批量订货情况下，实质上就是批验收试验，不论采用何种抽样方案，均要求"零失效"。否则，当可靠度要求较高时，在产品交验过程中仍会出现"偶然"、"个别"失效，这很难认为产品能给系统提供一个可靠保证。

航天产品抽样检验原则上是不允许出现严重缺陷，即产品研制过程中实行零缺陷，性能合格判据对应为（0，1），如 1972 年美国军用标准 MIL—STD—1512 中，就提出了航天起爆器的批验收抽样方案，详见表 9 - 5。1984 年，MIL—STD—1576 取代了 MIL—STD—1512 航天系统的应用部分，MIL—STD—1576 规定电爆装置批验收样本量为批量的 10%，但不少于 30 发。航天飞行器爆炸器材通用规范 DOD—E—83578A 中也规定起爆器批验收样本量为批量的 10%，但不少于 30 发，而鉴定数量为 206 发。

表 9 - 5　美国航天起爆器批验收抽样方案（MIL—STD—1512）

批　　量	0～180	181～300	301～500	501～800	801～1 300	1 301～3 200
样本量	45	75	110	150	225	300
百分比／%	25	25	22	18.7	17.3	9.3

参照国内外标准规定，火工品定数抽样检验方案为：批量小于 500，抽样检验样本量为批量的 10%，但不少于 30 发，而对火工装置而言，抽样检验样本量为批量的 10%，但最低不少于 9 发。

9.6.3　火工品抽样检验的实施

（1）火工品一致性检验程序设计原则

批验收试验通常包括非破坏性试验（NDLAT）和破坏性试验（DLAT）两类例行试验。非破坏性试验是指一系列不影响产品后续作用性能的试验，主要包括外观尺寸、泄露、射线检测及部分电性能检测，如电阻、绝缘电阻、安全电流、静电感度、杂散电流等。非破坏性试验一般要求按整批或批量的一部分进行。破坏性试验本身是一种产品作用性能或会影响最终产品作用性能的试验，如火工品发火输出试验、索类分离装置的分离功能等。

（2）火工品批验收试验合格判定

1）试验项目的确定。在设计鉴定试验中，通常是按模拟实际使用性能的串联试验进行考核，所以，质量一致性考核重点也应以这种串联考核为基础，选取使用过程中经常遇见的环境项目和与生产过程密切相关的环境试验项目进行串联考核，并按环境出现概率的大小将确定的样本量分配。独立进行的不发火试验量可与常温发火试验量相同。作为一致性检验，设计鉴定试验中考核过的 12 m 跌落、温度冲击、贮存等部分极端环境项目可不考核。

2）作用性能合格判定。航天火工装置的可靠度要求高且制造成本高，通常采用一次抽样方案。在进行抽样试验中，若出现失效的子样，则对失效子样进行加倍样本量试验，若加倍检验后满足要求，则视为本批产品作用性能合格，否则本批产品作用性能不合格。

3）安全性能合格判定。不发火性能和环境试验（如震动、运输震动、跌落等项目）意外发火，由于涉及产品的安全性，所以，当出现 1 发发火时，安全性能不合格。

4）产品合格判定。当作用性能和安全性能均合格时，本次提交的批产品合格，否则为不合格。

9.6.4　典型火工装置批验收试验方案

批验收试验可分为起爆器批验收试验、传爆装置和聚能切割装置批验收试验、火工作动装置批验收试验，并各分为 A 组和 C 组进行检验。

（1）起爆器批验收试验

①检验数量

A 组检验为全数检验。C 组检验应从同一批中随机抽取批量的 10%，但不少于 30 发产品进行破坏性试验。样品分配数量见表 9-6。

②检验项目

起爆器的检验项目和顺序如表 9-6 所示，可根据系统或详细规范要求增加检验项目。发火试验时按温度分组，同时应测量相关性能参数如发火时间、输出压力等。

③合格判据

起爆器 30 发样品全部通过表 9-6 规定的试验后，该批产品判定为合格。6 项中出现不合格产品后，允许剔除或返工后重新检验，但不合格率不应超过 10%；若重新检验出现不合格，则该批产品判为不合格，7~17 项出现不合格，该批产品判定为不合格。

表 9-6　起爆器批验收试验

序号	分组	方法		检验方法	数量
1	A 组	外观质量		附录 A.2.1	全批产品
2		尺寸		附录 A.2.2	
3		桥路电阻		附录 A.2.3	
4		绝缘电阻		附录 A.2.4	
5		密封性（要求时）		附录 A.2.5	
6		结构内部质量		附录 A.2.6	
7		静电感度（要求时）		附录 A.3.1	
8	C 组	温度循环		a	30
9		冲击		按航天飞行器验收条件	30
10		随机振动		按航天飞行器验收条件	30
11		不发火验证		附录 A.3.4	30
12		高温发火	全发火输入能量	附录 A.5.1	5
13			输入能量		5
14		常温发火	全发火输入能量		5
15			输入能量		5
16		低温发火	全发火输入能量		5
17			输入能量		5

a 温度循环：经受比最高预示温度高 10℃ 和比最低预示温度低 10℃ 的温度循环后，性能应满足预定要求。

（2）传爆装置和聚能切割装置批验收试验

①检验数量

A组检验为全数检验。C组检验应从同一批中随机抽取至少9套产品进行破坏性试验，样品数量分配见表9-7。

②检验项目

传爆装置检验项目和顺序如表9-7所示，可根据系统或详细规范要求增加检验项目。环境试验项目和要求应满足系统验收级环境试验条件规定。发火试验时按温度分组，应模拟实际使用条件验证其规定功能，并测量相关性能参数。

③合格判据

传爆装置或聚能切割装置的9套样品全部通过表9-7规定的试验后，该批产品判定为合格。1～3项中出现不合格样品后允许剔除或返工后重新检验，但不合格率不应超过10%；若重新检验出现不合格，则该批产品判定为不合格。4～9项出现不合格，该批产品判定为不合格。

表9-7 传爆装置和聚能切割装置批验收试验

序号	分组	方法	检验方法	数量
1	A组	外观质量	附录 A.2.1	全批产品
2		尺寸	附录 A.2.2	
3		结构内部质量	附录 A.2.6	
4	C组	温度循环	a	9
5		冲击	按航天飞行器验收条件	9
6		随机振动	按航天飞行器验收条件	9
7		高温发火	附录 A.5.1	3
8		常温发火		3
9		低温发火		3

a 温度循环：经受比最高预示温度高10℃和比最低预示温度低10℃的温度循环后，性能应满足预定要求。

（3）火工作动装置批验收试验

①检验数量

A组检验为全数检验。C组检验应从同一批中随机抽取批量的10%，但不少于9发产品进行破坏性试验，样品数量分配见表9-8。

②检验项目

火工作动装置检验项目和顺序如表9-8所示，可根据系统或详细规范要求增加检验项目。环境试验项目和要求应满足系统验收级环境试验条件规定。发火试验应模拟实际使用条件验证其规定功能。发火时按温度分组，同时应测量相关性能参数，如发火时间、输出压力、推力、冲量、速度等。

③合格判据

火工作动装置 9 发样品通过表 9-8 规定的试验后，判定为合格。1～5 项中出现不合格产品后允许剔除或返工后重新检验，但不合格率不应超过 10%；若重新检验出现不合格，则该批产品判定为不合格；6～11 项出现不合格，该批产品判定为不合格。

表 9-8　火工作动装置批验收试验

序号	分组	方法	检验方法	数量
1	A 组	外观质量	附录 A.2.1	全批产品
2		尺寸	附录 A.2.2	
3		桥路电阻	附录 A.2.3	
4		绝缘电阻	附录 A.2.4	
5		结构内部质量	附录 A.2.6	
6	C 组	温度循环	a	9
7		冲击	按航天飞行器验收条件	9
8		随机振动	按航天飞行器验收条件	9
9		常温发火	附录 A.5.1	3
10		高温发火		3
11		低温发火		3

a 温度循环：经受比最高预示温度高 10℃ 和比最低预示温度低 10℃ 的温度循环后，性能应满足预定要求。

9.7　可靠性试验方法

9.7.1　感度试验法

火工装置的起爆和传爆等过程的本质是施主端与受主端之间能量转换和能量传递，由一定刺激量激发其中装药的过程，是施主端能量和受主端装药感度之间的关系，这类试验属于典型的感度类试验，按国家军用标准规定的感度试验方法进行试验。有关火工装置设计规范规定或推荐使用的感度试验方法有升降法试验（Bruceton）、兰利法试验（Langlie）和 Neyer D—最佳试验等。

升降法试验是感度试验最常用的方法，其感度分布模型按 σ 未知的正态分布，下面主要介绍升降法试验。

（1）试验用刺激量系列

应根据经验或已得的试验结果，初步估计总体的均值和标准差，分别取作初始刺激量 x_0 及步长 d。刺激量系列为

$$x_i = x_0 + id, \quad i = \pm 1, \pm 2, \cdots \tag{9-1}$$

（2）试验程序

用刺激量 x_0 作第一次试探，记录试探的结果：“响应”记为 1，“不响应”记为 0。

第二次及以后的每次试探所用刺激量的取法如下：如前次试探用刺激量为 x_i，当试探结果为“响应”时，本次试探用刺激量为 x_{i-1}；当为“不响应”时，为 x_{i+1}。试验结果按表 9-9 的格式记录。

表 9-9　升降法试验结果记录表

i	x_i	1	2	3	4	5	6	7	8	9	10	11	12	13	14
2	x_2													1	
1	x_1		1		1						1		0		1
0	x_0	0		0		1		1		0		0			
-1	x_{-1}						0		0						
-2	x_{-2}														

从第一次试探起开始计数，第一次试探计数为 1。从第二次试探起，如结果跟第一次试探相同，不计数；首次出现与第一次试探相反的结果，计数为 2。此后，每次试探计数加 1。到计数 N 等于 30（当 $N<30$ 时，等于 N）时，暂停试验。应对已得试验数据作有效性判定。如为有效，继续试验至计数为 N，试验完成；如为无效，求出总体参数的估计值，参照估计值重新确定刺激量系列，重新试验。

（3）数据统计分析

①分析用响应数 v'_i 和试探数 N

对 $i=0,\pm1,\pm2,\cdots,x_i$ 对应的响应数记为 v_i，不响应数记为 m_i。分析用响应数 v'_i 的公式

$$当 \sum_i v_i \leqslant \sum_i m_i \text{ 时}, v'_i = v_i, \quad i=0,\pm1,\pm2,\cdots$$

$$当 \sum_i v_i > \sum_i m_i \text{ 时}, v'_i = m_i, \quad i=0,\pm1,\pm2,\cdots \tag{9-2}$$

分析用试探数公式

$$N = \sum_i v'_i \tag{9-3}$$

②计算中间值 A,B,M 和 b

各计算中间值的公式

$$A = \sum_i i v'_i$$

$$B = \sum_i i^2 v'_i$$

$$M = \frac{NB - A^2}{n^2} \tag{9-4}$$

$$b = \begin{cases} b' & 当 b' \leqslant 0.5 \\ 1-b' & 当 b' > 0.5 \end{cases}$$

式中　b'——$|A/N-0.5|$ 的小数部分，并按四舍五入规则舍入到一位小数。

③数据有效性判定

当下列两条同时满足时，数据为有效。

1）试验所用的刺激量 x_i（对应的 $v_i+m_i \neq 0$）共 4～7 个；

2）$M \geqslant 0.25$ 。

④总体参数 μ 的估计

总体参数 μ 可用下式进行估计

$$\hat{\mu} = x_0 + (A/N \pm 0.5)d \qquad (9-5)$$

当 $\sum\limits_i v_i > \sum\limits_i m_i$，取"$-$"号，如 $\sum\limits_i v_i \leqslant \sum\limits_i m_i$ 则取"$+$"号。

⑤总体参数 σ 的估计

总体参数 σ 的估计

$$\hat{\sigma} = \rho d \qquad (9-6)$$

当 $M > 0.3$ 时

$$\rho = 1.620 \times (M + 0.029) \qquad (9-7)$$

式中　ρ——计算中间值。

当 $M \leqslant 0.3$ 时，见 GJB/Z 377A 附录 103 - A 表 A1。

（4）统计结果

1）$\hat{\mu}$ 的标准误差 $\sigma_{\hat{\mu}}$

因标准差 σ 未知

$$\sigma_{\hat{\mu}} = \frac{G}{\sqrt{n}} \hat{\sigma} \qquad (9-8)$$

式中　G——计算中间值，见 GJB/Z 377A 附录 103 - A 表 A3。

2）$\hat{\sigma}$ 的标准误差 $\sigma_{\hat{\sigma}}$

$$\sigma_{\hat{\sigma}} = \frac{H}{\sqrt{n}} \hat{\sigma} \qquad (9-9)$$

式中　H——计算中间值，见 GJB/Z 377A 附录 103 - A 表 A4。

3）P 响应点的估计值

$$\hat{x}_P = \hat{\mu} + u_P \hat{\sigma} \qquad (9-10)$$

式中　u_P——$N(0,1)$ 的 P 分位数。

4）x_P 的标准误差

$$\sigma_{\hat{x}_P} = \sqrt{\hat{\sigma_{\mu}}^2 + u_P^2 \hat{\sigma_{\sigma}}^2} \qquad (9-11)$$

5）响应概率的估计

刺激量为 x 时，相应概率 p 的估计量公式

$$\hat{p} = \Phi\left(\frac{x - \hat{\mu}}{\hat{\sigma}}\right) \qquad (9-12)$$

式中　Φ——$N(0,1)$ 的分布函数。

6）置信区间

给定置信水平 $1-\alpha$，一般取 $1-\alpha=0.95$、0.90 或 0.99。

参数 μ 的置信上限 μ_U 和下限 μ_L

$$\mu_U,\mu_L = \hat{\mu} \pm t_{1-\alpha/2}(n-1)\sigma_{\hat{\mu}} \qquad (9-13)$$

式中　　$t_{1-\alpha/2}(n-1)$——t 分布分位数。

参数 σ 的置信上限 σ_U 和下限 σ_L

$$\sigma_U,\sigma_L = \hat{\sigma} \pm t_{1-\alpha/2}(n-1)\sigma_{\hat{\sigma}} \qquad (9-14)$$

式中　　$t_{1-\alpha/2}(n-1)$——t 分布分位数。

x_P 的置信上限 x_{PU} 和下限 x_{PL}

$$x_{PU},x_{PL} = x_P \pm \lambda\sigma_{\hat{x}_p} \qquad (9-15)$$

式中　　λ——计算中间值。当计算双侧置信限时，$\lambda = t_{1-\alpha/2}(n-1)$；当计算单侧置信限时，$\lambda = t_{1-\alpha}(n-1)$。

9.7.2　正态统计容许限法

当火工装置某性能参数可以直接测量，样本观测值或观测值作正态变换后的值作正态检验后，可认为服从正态分布，就可以用正态统计容许限计算可靠性。

火工装置点火器的压力输出、起爆器的爆轰输出、火工作动装置和固体小火箭的输出特征量一般为力、冲量、能量等，可以用正态统计容许限法统计计算可靠性。下面介绍国家军用标准规定的一种方法。

（1）根据试验数据计算样本均值和样本方差

1）样本均值

$$\bar{x} = \frac{1}{n}\sum_{i=1}^{n}x_i \qquad (9-16)$$

2）样本方差

$$S = \sqrt{\frac{1}{n-1}\sum_{i=1}^{n}(x_i-\bar{x})^2} \qquad (9-17)$$

（2）计算正态容许限系数

根据样本统计值 n，$\bar{x}$，S，由给定的容许上限 L_U 或 L_L，按下式计算正态容许限系数 K_U 或 K_L

$$K_U = \frac{L_U-\bar{x}}{S}$$
$$K_L = \frac{\bar{x}-L_L}{S} \qquad (9-18)$$

（3）确定可靠度

由 K_U（K_L），n 以及规定的置信度 γ，按 GJB 376—87 附表 C 正态分布可靠度单侧置信下限的表，可以得到可靠度单侧置信下限。

如要求同时满足容许上限 L_U 和下限 L_L，则分别用 L_U 和 L_L 计算可靠度 R_U 和 R_L，然后按下式计算可靠度 R

$$R = R_U + R_L - 1 \tag{9-19}$$

9.7.3 最大熵法

（1）寻找临界值并计算样本均值和样本方差

1）寻找临界间隙，即搜寻刚好能够传爆所对应的最大传爆间隙的边界值，记作 x。

2）以找到的临界传爆间隙为中心值，规定一个适当范围，取定步长，按此范围将样本划分为若干组进行传爆试验，根据取得的临界传爆间隙试验数据求出样本均值 $\bar{x}$ 和样本方差 S。其中

$$\bar{x} = \frac{1}{n} \sum_{i=1}^{n} x_i$$

$$S = \sqrt{\frac{1}{n-1} \sum_{i=1}^{n} (x_i - \bar{x})^2} \tag{9-20}$$

（2）计算母体均值与母体标准差的置信限

根据样本参数 $\bar{x}, S$，计算母体均值 μ 与母体标准差 σ 的置信限

μ 的单侧置信下限

$$\mu_L = \bar{x} - \frac{t_\alpha(n-1)}{\sqrt{n}} \times S \tag{9-21}$$

σ 的单侧置信上限

$$\sigma_U = \sqrt{\frac{n-1}{\chi_\alpha^2(n-1)}} \times S \tag{9-22}$$

其中 $\alpha = 0.05$，$t_\alpha(n-1)$ 表示自由度为 $n-1$ 的 t 分布 α 分位数，$\chi_\alpha^2(n-1)$ 表示自由度为 $n-1$ 的 χ^2 分布 α 分位数，查统计分布数值表可得。

（3）确定试验数量 N

根据临界传爆间隙和正常传爆间隙确定功能裕度系数 M 和熵强化系数 K。根据 K，μ_L/σ_U，R，γ，在预定工况点做最大熵试验，确定试验数量 N，公式如下

$$N = \frac{\ln(1-\gamma)}{\ln\left\{1 - \Phi\left[(K-1)\dfrac{\mu_L}{\sigma_U}\right] - K\Phi^{-1}(R)\right\}} \tag{9-23}$$

若这 N 件试验件都成功，则认为产品满足可靠性要求；若出现失败，须查明原因，返回重做试验。

9.8 寿命试验方法

本文主要介绍已知加速系数条件下测定火工品的贮存寿命。

9.8.1　基本原理

火工品在自然条件下贮存，主要受温度、湿度的影响。当贮存过程中采取了防止水分侵蚀措施后，即可简化为单因素的贮存问题。71℃高温贮存试验方法是一种截尾寿命试验方法，采用修正的阿累尼乌斯（Arrhenius）方程即式（9-24），由高温（71℃）下的试验时间，推算出常温（21℃）下的贮存时间。

$$t_0 = \tau t_1 \tag{9-24}$$

式中　t_0 ——常温的贮存时间（d）；

　　　t_1 ——高温的试验时间（分别为 28 d，56 d，84 d）；

　　　τ ——加速系数，按式（9-25）计算

$$\tau = r^{\frac{(T_1 - T_0)}{A}} \tag{9-25}$$

式中　r ——反应速度温度系数；

　　　T_1 ——高温试验温度（K）；

　　　T_0 ——常温试验温度（K）；

　　　A ——与反应温度系数对应的温度变化，取 10 K。

试验后的火工品性能若无显著性变化，则由式（9-24）计算常温下贮存时间。

9.8.2　灵敏参量及试验样品数量的确定

灵敏参量是反映火工品性能变化最敏感的参数。因此，火工品灵敏参量通常是一项，难以分辨时至多为二项。要在全面了解火工品性能的基础上通过试验来确定灵敏参量。测平均发火感度按 GJB 377 感度试验用升降法进行，其他的灵敏参量按其相应的试验方法进行测定。

根据灵敏参量的试验方法确定样本量。通常平均发火感度为 50 发；测试作用时间为 15 发；测试点火压力为 10 发；测试同步作用时间为 10 发。

根据灵敏参量所需样本量以及试验所需样本量，即可计算出高温贮存试验所需样品的总数量。

9.8.3　试验程序

1）将准备好的样品装入防爆器中；

2）接通电源，使恒温试验箱内温度达到规定的试验温度；

3）将装好样品的防爆器置于恒温试验箱中，并开始计时，记录关箱时的室内温湿度；

4）试验过程中，一般每隔 2 h 记录一次恒温试验箱内温度和室内温湿度，如试验箱温度失控，超过（或低于）规定的试验温度上限（或下限）且 30 min 内不能排除，应将样品移入另一备用恒温试验箱继续试验，并详细做好故障记录；

5）导弹试验时间（28 d，56 d，84 d）开箱取样。记录开箱时的温度，室内温度和湿度；

6）取出的样品自然冷却 2 h 后测定其灵敏参量，需解剖的样品，检查其外观后立即放入干燥器中。

9.8.4　灵敏参量试验结果处理

根据灵敏参量的试验数据计算平均值和标准差，并填入表 9 - 10 中。

表 9 - 10　灵敏参量的试验数据计算平均值和标准差

时间	灵敏参量 1		灵敏参量 2	
试验前	平均值	标准差	平均值	标准差
28 d				
56 d				
84 d				

9.8.5　显著性检验

（1）t 检验

假设 $\mu = \mu_0$

$$t = \frac{\bar{x} - \mu_0}{S} \sqrt{n} \tag{9-26}$$

式中　t——统计量；

$\bar{x}$——样本灵敏参量值的算术均值；

S——$\bar{x}$ 的标准差；

μ_0——试验前火工品灵敏参量值的算术均值；

n——样本量。

μ_0 通常由大样本量求得。当 $|t| > t_\alpha$ 时，否定 $\mu = \mu_0$ 的假设，说明发生了显著性变化，t_α 为自由度 $f = n - 1$、显著水平为 $\alpha = 0.1$ 的 t 分布分位数。

（2）成组数据平均值比较公式进行比较

当火工品总体灵敏参量值的均值和标准差不知道时，要比较两组样本的性能是否发生显著性变化，由成组数据平均值比较公式计算 t

$$t = \frac{\bar{x}_1 - \bar{x}_2}{\sqrt{S_1^2 + S_2^2}} \sqrt{n_1} \tag{9-27}$$

式中　t——统计量；

$\bar{x}_1$——第一组样本灵敏参量值的算术均值；

$\bar{x}_2$——第二组样本灵敏参量值的算术均值；

S_1——$\bar{x}_1$ 的标准差；

S_2——$\bar{x}_2$ 的标准差；

n_1——第一组样本量。

假设 $u_1 = \mu_2$ 的否定域为 $\mid t \mid > t_\alpha$，其中 t_α 为自由度 $f = 2(n_1 - 1)$、显著水平 $\alpha = 0.05$ 的 t 分布分位数。任取两组（试验前试验后的两组，或不同试验时间的两组）样本量相等，即 $n_1 = n_2$，求出 $\overline{x}_1$，$\overline{x}_2$，S_1，S_2 后，计算 t 值。当 $\mid t \mid > t_\alpha$ 时，说明发生了显著性变化。

9.8.6　贮存寿命的计算

由 9.8.5 节进行判断，若没有发生显著性变化，可按式（9 - 24）和式（9 - 25）计算常温下贮存时间 t_0（其结果以年为单位表示）。

第10章　新型火工装置的研究与应用

10.1　概述

当前，国内外火工技术取得了长足的进步，出现了许多与常规火工装置不同的新型火工装置，如激光点火起爆装置、爆炸箔点火起爆装置、爆炸网络火工装置及微机电系统（Micro Electro - Mechanical Systems，MEMS）火工装置等，其中前三种火工装置的概念由来已久，但近年才获得突破，并开始在各类航天飞行器中应用。最新发展的 MEMS 火工装置在相当程度上还处于方案研究和试验探索阶段，但它可能会对未来火工装置向信息化和微型化方向发展起到重要的推动作用[9]。

本章将介绍若干种典型的新型火工装置，它们在国外航天飞行器中得到了一定的应用，但在国内航天飞行器上应用较少。从发展趋势来看，随着这些新型火工装置研究的逐步深入和装置性能的逐步完善，必将在航天飞行器中得到广泛的应用，它们也将随着航天技术的发展而得到快速发展。

10.2　激光点火（起爆）装置

提高火工系统安全性一直是国内外火工技术研究的一个重要课题。使用激光对下级火工装置进行点火（起爆）可以减少杂散电流、静电放电和电磁脉冲对火工系统的危害可能性，提高火工系统在航天飞行器总装、测试、运输、储存、操作维护和飞行使用等环境中的安全性，是提高火工系统安全性水平的重要途径之一。

激光点火（起爆）系统主要由点火控制单元、光能传输单元和激光火工装置三部分组成，如图 10-1 所示。点火控制单元主要包括驱动电源、安保机构和激光器；光能传输单元主要包括光纤和光纤连接器；当激光器接受到正确指令后输出激光束，通过聚焦透镜聚焦到光纤内，光纤将激光传输到激光火工装置中，激发其内部装药，实现预定功能。

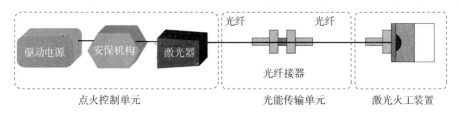

图 10-1　激光点火（起爆）系统结构图

10.2.1　工作原理和特点

激光火工装置的基本工作原理是：激光火工装置接受激光能量输入后，内部对激光敏感的点火药吸收光能，由于激光的光斑很小，能量密度很高，因此，受激光照射的点火药药温度迅速升高，发生燃烧或爆炸，进而激发所有装药工作，从而完成预定任务[2]。

激光点火（起爆）方式是由光纤传递激光能量，激光直接照射钝感装药点火，不需要将桥丝与敏感点火药直接接触，没有电导线与起爆装置直接连接，从而使杂散电点火源[静电放电（ESD）和电磁辐射（EMR）]与装药隔离，电源与装药隔离，从结构上减少了外界意外环境引起误爆的可能性，是航天飞行器用火工系统的一个发展方向。

激光点火（起爆）系统关键技术是激光点火（起爆）技术和光路检测技术。主要技术难点是提高光耦合效率和降低光路端接面光传输损耗。主要设计项目是激光控制器模块、集成化激光器、集成化光探测器、光缆网和光连接器、激光点火（起爆）器。

10.2.2　发展现状

激光点火（起爆）技术的研究起始于 20 世纪 60 年代，早期的工作主要是基础性研究，如研究激光对起爆药、猛炸药、烟火药、推进剂起爆的可能性，尤其是研究激光对猛炸药、烟火药起爆的可能性。随着激光技术和激光元器件的技术进步，特别是在 20 世纪 80 年代，随着低成本的半导体激光器的小型化和低损耗光纤的出现，激光点火技术逐步进入实用阶段。20 世纪 90 年代，美国国防部、能源部和航天部均将这一项目列入重点关键技术系列，更是推进了其应用的进程。其实，相关的研究工作早已开始进行。美国能源部桑迪亚（Sandia）国家实验室从 20 世纪 60 年代起一直在进行激光点火（起爆）技术的研制工作。20 世纪 80 年代末到 90 年代，桑迪亚国家实验室开始对半导体激光点火技术的可行性和安全性进行论证，探讨了点火阈值的影响因素并建立了点火模型。Ensign-Bickford 宇航公司作为美国国家航空航天局所属公司从 20 世纪 80 年代后期开始研制工作，并生产出供运载火箭使用的激光点火系统。麦克唐纳·道格拉斯公司在 20 世纪 90 年代研究了半导体激光点火技术在空空导弹、不可重复使用运载火箭中的应用，实现了飞行时序和飞行中止的功能，并设计了起爆系统的保险装置。还有美国陆军研究实验室、美国海军印第安头领师海军面武器中心、美国空军研究实验室等研究机构都对激光点火技术在武器系统中的应用作出卓越贡献[25]。

目前，激光点火（起爆）装置主要有以下几种工程实际应用。

（1）空空导弹激光点火子系统

空导弹激光点火子系统采用激光火工装置完成电池激活、尾翼展开和定序推进系统的功能。激光点火子系统主要由激光器、保险/解除保险装置、光纤系统、激光点火（起爆）器和光纤测试系统组成[26]，如图 10 - 2 所示。

激光器采用钕棒固体激光器，输出波长 1 060 nm、功率 2 W 的引爆激光。用旋转线圈执行保险/解除保险功能，在安全状态下，旋转线圈使发光管与地短路，并放置遮板切断光通道；当处于准备起爆状态时，发光管与发火电路连接，遮板移出光通道。

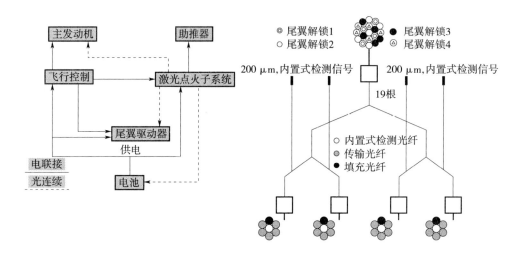

图 10-2　空空导弹激光点火子系统

（2）小型洲际导弹用激光点火系统

小型洲际导弹用激光点火系统由激光输出装置、光缆网与机械解锁光连接器、激光起爆器、传爆组件、隔板点火器和光缆切割器等组成。其中，激光输出装置是核心设备，装有小型钕棒固体激光器、光学元件、定序器组件、高压电子器件、安全/执行机构和内置式检测装置等[27]，如图 10-3 所示。

该系统原计划共进行 16 次飞行试验，圆满完成了 3 次地面全系统综合飞行验证测试和 2 次全系统模拟飞行环境考核试验，成功进行了 2 次飞行试验。

激光起爆器的结构如图 10-4 所示。它是由一个光纤引线、用光窗密封的炸药衬套和钢壳体组成。激光起爆器的光纤引线连接到四通道连接器的能量传输系统上，大约有 200 mgCP炸药装入衬套中。CP 炸药是非常钝感的爆轰炸药。光窗覆盖着分色胶片，以便为检测光路提供光束及能量，并把多于 95％的激光能量传递给炸药点火，靠近窗口的薄层 CP 炸药用少量的石墨粉掺杂物来增强光的吸收率。

该类激光起爆器的主要性能参数如下。

1）输出凹痕深度为 0.381～0.635 mm；

2）工作时间不大于 150 μs（实际最大值为 20 μs）；

3）全发火能量为 15 mJ；

4）不发火能量 1 mJ。

传爆组件的主装药为 HNS 炸药，典型结构如图 10-5 所示。传爆组件及相关硬件（如 T 型接头和连接器）的基本设计和和平卫士、三叉戟Ⅰ和三叉戟Ⅱ导弹所用相同。

隔板点火器结构简图如图 10-6 所示，它由太安（PETN）施主装药和经过隔板的受主装药和主装药组成，主装药是由 650 mgTi/CuO 烟火药组成。施主装药通过隔板到受主装药的爆轰取决于 PETN 装药的爆轰。PETN 装药的爆轰需要由激光起爆器或传爆组件提供的爆轰输入。

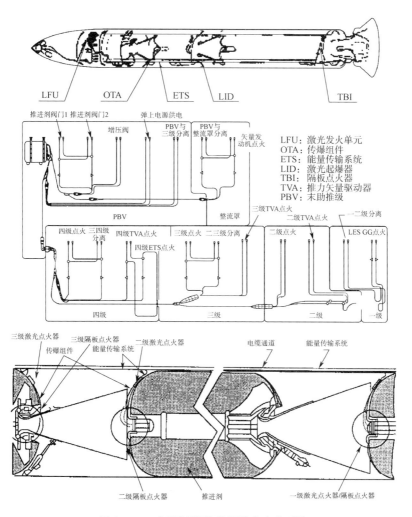

图 10-3　小型洲际导弹用激光点火系统

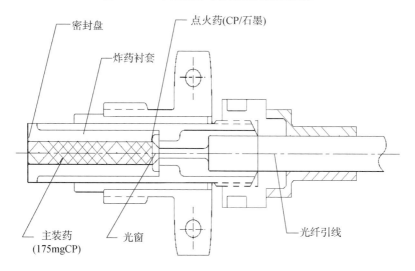

图 10-4　激光起爆器结构简图

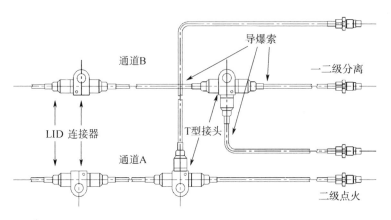

图 10-5 典型的传爆组件结构图

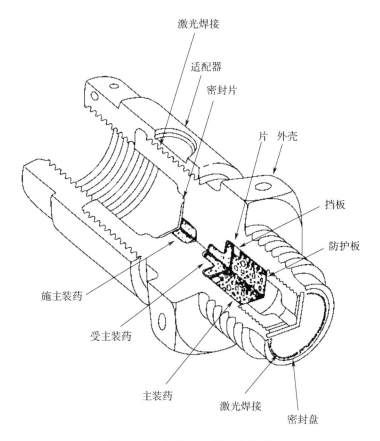

图 10-6 隔板点火器结构简图

（3）法国激光火工装置及系统的研制与应用

法国激光火工装置及系统的研制起始于 1995 年，由法国航天局和 ISL 实验室联合研发[28]。

1）1995—1998 年，利用激光二极管和微型固体激光源对典型含能材料（如烟火药、双基火药、传爆药等）点火的关键参数特性进行一般性研究。

2）1998—2000 年，进行激光点火器研制。

3）1998—1999 年，进行采用猛炸药的激光起爆器（基于爆燃转爆轰原理）研制。

4）2000—2001 年，进行采用猛炸药的激光起爆器（基于冲击转爆轰原理）研制设计。

5）1999—2000 年，进行激光火工装置用于卫星系统的可行性分析。

6）2001—2005 年，进行激光点火（起爆）器预鉴定试验。

7）2000—2004 年，在震区电磁辐射探测卫星（DEMETER）上进行激光火工系统的飞行验证。

法国研制的激光点火器和激光起爆器如图 10-7 所示，它们具有相同的光学接口，主要元件是一个梯度折射率透镜。这个光学接口确保装置工作前后密封性和耐受性可承受 500 MPa 的动态压力。

激光点火器的输出性能和机械接口与美国国家航空航天局的标准点火器相同，可进行互换。布鲁斯顿法试验结果表明，该激光点火器在 -160℃ 下的全发火能量为 250 MW，不发火能量是 15 MW，在 95％ 置信度下可靠性为 0.999。

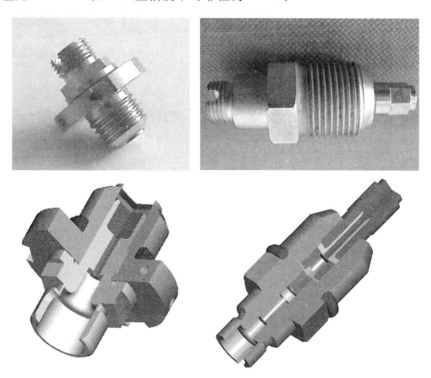

图 10-7　法国研制的激光点火器（左图）和激光起爆器（右图）结构简图

激光起爆器是一个二级结构，不含起爆药，输出性能和机械接口与阿里安火箭所用传爆序列组件的首发发火元件相同。其第一级装药是奥克托金，第二级装药是黑索金。其工作过程是：激光能量使第一级装药点火，产生高压，驱动一个金属片并使之在一短通道内加速，在通道的末端，金属片撞击第二级装药，从而完成冲击转爆轰，产生爆轰输出。由于在一项热试验（100℃下保温 5 h）后，激光起爆器在 1 W 激光输入功率下未发火（20℃），ISL 实验室对该激光起爆器进行了改进设计，主要是增加了一个 15 mg 的 ZPP（Zr/KCLO$_4$）薄层药剂，如激光点火器一样，该薄层药剂放在透镜和奥克托金装药之间。

2004 年 07 月，法国相关单位研制的激光火工系统在震区电磁辐射探测卫星上得到了完整的飞行验证，如图 10-8 所示。该激光火工系统主要由激光控制器、激光二极管、光纤和激光点火器组成。根据激光点火器的全发火激光强度，取 1.2 倍设计裕度，激光器输出功率 684 mW，脉冲持续时间为 10 ms，采用 62.5 μm/100 μm 的多模石英光纤。

光的连续性检测通过反射到激光点火器内侧双色涂层上的光透射的量进行光的连续性测试，发光二极管的两个波长分别为 850 nm 和 1 300 nm，输出功率为 20 μW，这一指标符合光学试验的量级不高于不发火能级功率 1/100 的安全性要求。激光点火装置的光纤连接器端面允许用放大倍数为 200 倍的手提式视频显微镜进行。

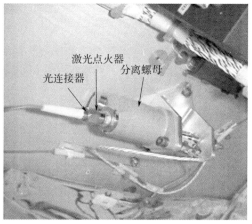

图 10-8　震区电磁辐射探测卫星及其所用的激光火工系统局部图

我国在 20 世纪 70 年代中期就已经开始了激光点火（起爆）技术的实验研究。在"九五"期间，激光点火起爆技术被列入我国预研项目，相关单位开展了对激光点火机理、药剂和激光起爆技术的研究，但仅局限在基础理论研究、药剂研究和原理性研究，而面向工程的应用性研究进展缓慢。

2000 年左右，我国兵器和航天行业都开展了激光点火（起爆）技术的工程化应用研究，利用半导体激光器初步实现了用大功率激光对烟火药和钝感炸药的起爆。

近年来我国航天总体设计单位提出了激光点火（起爆）系统的方案，明确了点火控制单元、光能传输单元和激光火工装置的设计要求，推动了相关单位在该领域的研究，共同研制了国内第一套半导体激光点火（起爆）系统，并取得了地面研制试验成功，为国内激光点火（起爆）系统的工程化应用奠定了基础。

10.2.3　发展趋势

激光点火（起爆）技术是一种新型的安全点火（起爆）技术，近年来主要围绕改进点火系统组成、光路检测、激光点火（起爆）器封装、激光敏感药剂等方面进行发展。激光点火（起爆）技术的发展趋势如下所示。

1）激光点火（起爆）系统中激光器由固体激光器向半导体激光器转变，使得点火系统体积更小、能耗更低。

2）光能传输组件结构由透镜组件向光纤转变，解决透镜组件体积大、易受环境振动干扰、安装难度大的问题，光能传输组件的连续性检测原理从早期光时域反射仪法发展为双向色膜法，由单光纤诊断法向双光纤诊断法转变，能大大降低技术难度，工程中易于应用。

3）壳体结构由光纤式耦合向光窗式耦合转变，光窗既能作为激光点火（起爆）器输入端的隔板，同时还具有聚焦的功能。为提高装置的密封强度和耐点火压力性能优选楔形光窗结构，低熔点封接玻璃将光窗和金属封接成整体也是重要发展趋势之一。

4）激光点火药正在向纳米级、掺杂深色吸光物质发展，以有效降低发火能量、减少点火延迟时间，提高发火可靠性。同时提高药剂对特定光谱的敏感性，以减少杂散光的干扰，提高系统安全性。

10.3　爆炸箔起爆器

从 20 世纪 60 年代起，随着核武器的发展，对起爆系统的安全性提出了极高的要求，推动了具有极高固有安全性的爆炸箔点火起爆技术的诞生，而之后出现的灵巧弹药、侵彻弹药等各类武器系统对起爆系统提出了高可靠性、高安全性、抗冲击及纵向尺寸小的要求，进一步促进了直列式爆炸箔点火起爆技术的研究和工程应用[6]。

10.3.1　工作原理和特点

爆炸箔起爆器（Exploding foil initiator，EFI）是通过金属箔或桥在高能快速脉冲下发生电爆炸，产生的等离子体迅速膨胀、剪切及驱动-薄塑料片（冲击片）高速撞击高密度炸药，使之迅速完成起爆，所以，爆炸箔起爆器又称为冲击片雷管。它的主要特征有：

1）起爆阈值能量高（数千伏），具有固有的安全性，对静电、杂散电流、射频等意外干扰钝感，能适应战争中复杂的电磁环境，适用于构成直列式传爆序列，可简化为引信的保险机构；

2）不含起爆药和松装猛炸药，炸药的密度较高，且发火元件桥箔与受主猛炸药被绝缘层和空气间隙完全隔开，适应于高的冲击过载和机械冲击环境；

3）电爆炸箔起爆器耐高温、低温等自然环境，作用时间小于 $1\,\mu s$，能满足各种应用需求，尤其适用于多点起爆系统，作用同步性的偏差最小为 2 ns；

4）电爆炸箔起爆器中关键部件即桥箔是印刷电路元件，可以大批量自动化生产，制造成本低。

到目前为止，美国的爆炸箔起爆器已经商品化和通用化，完全自动生成，不但尺寸大为减小，最低发火能量也从开始的 3.2×10^4 J 降低到目前的 0.12 J（0.1 μF，1.5 kV）[6]。

10.3.2　发展现状

爆炸箔起爆器中没有起爆药，用于起爆的炸药的感度与高密度猛炸药相同，因此它具有固有的安全性和高可靠性，而且作用精度和时间精度都很好。由于该装置具有这些优点，因而首先考虑用于核武器的引爆系统。随着该技术的发展，该装置得到了更为广泛的应用，如子弹布撒器、炸弹及航天飞行器等。美国波音公司将爆炸箔起爆装置用于反装甲子母弹、末制导子弹的后继弹。美国休斯公司研制的红外和电视导引头制导的反坦克导弹，就将爆炸箔起爆器直列式全电子保险和解除保险系统用于引信安全系统。

20 世纪 80 年代后期至 90 年代，国外围绕爆炸箔点火起爆器做了不少技术改进，如为了降低爆炸箔所需的能量，有利于高速飞片，美国 1992 公布的专利 USP5080016 中讲述了一种爆炸箔激泡驱动雷管，这种雷管是在聚酰亚胺薄膜冲击炸药装药的基础上进行技术改进，即取消飞片，该雷管具有爆炸箔冲击片雷管的全部优点，而不再包含其缺点。1995 年 8 月公布的专利 USP444598 中介绍了一种电容器爆炸箔起爆器，这种装置由一个与泄放电阻器并联连接的低电感电容器组成，电容器和电阻器用一个过压间隙开关通过爆炸箔起爆器连接而成。通过插销施加高压（3 000 V），当电容器电压达到开关的击穿电压时，贮存在电容器中的能量通过开关释放到爆炸箔起爆装置中，爆炸箔起爆器材料使用预腐蚀铜桥的铜包覆层聚酰亚胺片。桥丝释放的能量使铜箔气化，从而将产生的聚酰亚胺飞片向着 HNS 炸药柱加速。飞片的飞行速度通过 HNS 炸药传递的冲击波将炸药引爆，引爆 HNS 炸药需要的冲击波很大，持续时间很短。

美国的霍尼韦尔（Honeywell）公司的艾登·尼尔海姆（Eldon Nerheim）等人曾提出使用集成电路技术制造桥模加速腔组合体的工艺方法，并把爆炸箔起爆器所用等离子体开关及其他辅助电子电路都集成在硅衬底上，提高了爆炸箔起爆器的作用可靠性，降低了制造成本，便于大批量生产。同时，还研制了适合于多点起爆的双向爆炸箔起爆器、激光飞片雷管、爆炸桥丝驱动的多飞片雷管等，旨在改进爆炸箔起爆的内在性能，扩大其使用领域。

爆炸箔起爆技术的发展历程如图 10 - 9 所示。

10.3.3　发展趋势

爆炸箔起爆技术在灵巧弹药、多点起爆控制系统、火箭发动机安全点火系统中属于关

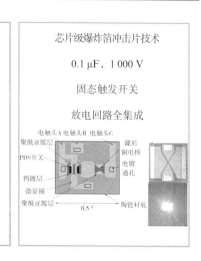

图 10 - 9　爆炸箔起爆技术的发展历程

键技术，近年来国外的研究成果主要在于增加点火新功能、降低发火电压、提高飞片撞击炸药的准确性、减小装置的整体体积、提高加工效率、降低成本、减小开关化学污染等。如：在传统冲击片雷管后方加了点火药柱，变成冲击片点火器，大幅提高电点火系统安全性；通过使用细化的 HNS 炸药或新型苯环炸药 BRX，显著降低了发火电压；通过从单个零件加工装配演变成把爆炸箔、飞片及加速膛通过电路板平板印刷方法加工集成为一体，解决了飞片与加速膛装配不易对准的问题，提高了发火可靠性；采用叠加电压击穿开关装置替代传统的爆炸箔冲击片发火电路开关装置，降低开关造价，避免开关爆炸污染环境；使用环形桥箔替代细长的直线形桥箔，提高电爆效率和飞片冲击强度。

10.4　爆炸网络火工装置

爆炸网络起爆技术是 20 世纪 60 年代为满足核武器发展而最先研究的技术，于 20 世纪 70 年代趋于成熟，并用于多种常规空空导弹[6]。爆炸网络火工装置由具有逻辑运算功能的爆炸元件构成，通过爆轰信号传递起爆指令。按载体的不同，爆炸网络可分为刚性和柔性两种，按功能的不同，爆炸网络可分为爆炸逻辑网络、同步起爆网络和异步起爆网络[2]。典型的爆炸逻辑网络如图 10 - 10 所示，以下主要介绍爆炸逻辑网络。

10.4.1　工作原理和特点

爆炸逻辑零门的装药通道一般是 T 字形，其作用原理如图 10 - 11 所示，其中（a）表示 BC 通道关闭，（b）表示绕过直角而传播。它的工作原理如下：自 A 端引爆的爆轰波传至 O 点时就将 BC 通道装药于 O 处切断，爆轰波不能绕过装药直角传播至 B，C 两端，从而关闭爆轰通道 BC，如图 10 - 11（a）所示；而爆轰波由 B 端传至 C 端，或由 C 端传至 B 端均能稳定可靠传播，但不能绕过装药直角而传播至 A，如图 10 - 11（b）所示。爆炸逻辑零门的基本原理在于，爆轰波在一定直线装药中能够稳定传播，而通过装药拐角时会出

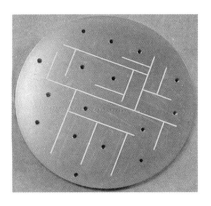

图 10 - 10　典型的爆炸逻辑网络

现熄爆。

在设计爆炸逻辑零门时要根据装药和基板材料的性质，选择适当的装药尺寸，使爆轰波能够经过 BC 通道稳定传播，而经过 AO 通道的爆轰波将 BC 通道装药于 O 处切断，并且不能通过装药拐角传播至 B，C 两端。

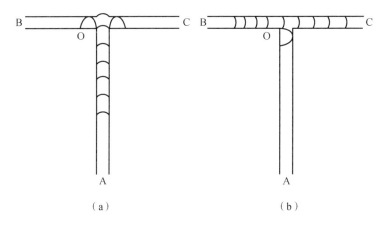

图 10 - 11　爆炸逻辑零门原理图

爆炸逻辑网络是由零门和其他爆炸线路组成的具有逻辑判断和运输功能的爆炸网络，它采用类似电流的方法实现了爆炸的逻辑功能，其特点有：

1）自选择性，用内部逻辑的判断实现输出方式的选择；

2）少输入可产生多选择输出，可以减少保险机构的数量；

3）抗干扰性，炸药通道不受外界电磁环境的影响。

爆炸逻辑网络主要有单输出爆炸逻辑网络和多选一输出爆炸逻辑网络两类。单输出爆炸逻辑网络是基于多个输入端的爆炸"与门"构成，当所有输入端口按规定的顺序和窗口输入起爆信号时，输出端口就会有爆轰波输出。最常见的是"二入一出"和"三入一出"爆炸逻辑网络。其主要功能是程序安全控制，可用于引信安全控制系统、火箭发动机安全点火系统等。

爆炸逻辑网络的基本元件是爆炸逻辑零门，它能够切断或破坏爆炸网络通道装药，从而关闭爆轰通道的爆炸逻辑元件，是小尺寸装药爆轰波非直线传爆特性的典型应用，也是设计和研究爆炸逻辑网络的基础和关键[2]。

10.4.2　发展现状

国外关于爆炸网络技术的研究始于 20 世纪 60 年代，1965 年西尔维亚（Silvia）首次提出了爆炸网络的概念，并设计出了可以实现逻辑功能的爆炸零门。1970 年西尔维亚和拉曼（Ramay）发现并利用了拐角效应现象。1981 年，考克斯（Cox）和坎贝尔（Campbell）对 PBX - 9502 炸药的爆轰波拐角现象进行了研究，研究结果表明拐角距离、拐角半径随起爆药柱装药密度的增大而增大，随起爆药柱面积的减少和环境温度的降低而增大，研究结果还表明拐角过程中存在着不爆轰区域。2000 年，M·赫尔德（M. Held）对爆轰波的拐角效应进行了研究，研究表明爆轰波绕过急拐角或弧形拐角时会产生不同的波形，冲击波速度或爆速是相同的，但爆压却不同。早期的爆炸网络只是通过改变炸药通道的长度来实现多点起爆、延迟爆炸等功能。现在国外已能做出性能良好、功能较强的爆炸逻辑网络且广泛用于战斗部中，成功地完成传爆、引爆、安全与保险解除、定向爆破、多路控制引爆等功能。

爆炸逻辑元件的可靠性非常重要。1984 年，迈耶斯（Meyers）从提高逻辑元件的可靠性出发，提出了安全性/可靠性概率窗口的概念，确定了在爆炸网络设计中安全性/可靠性窗口要足够宽的原则。为解决钝感弹药的可靠起爆问题，国外近些年来研究了一种非常可行的办法是研究新型高能传爆药装药结构。如为了可靠地传爆，美国海军水面武器中心的 F·S·帕特里克（F. S. Patrick）于 1992 年研制了一种环形传爆药高能引爆系统。该系统由钝感主装药、环形传爆药、环形雷管（或普通雷管加 1 层传爆药）组成，将 1 个具有一定高度、内径和外径的环形传爆药柱与中间凸起的 PBX 型钝感炸药相连，传爆药环可由 1 个环形雷管起爆。据有关资料报道，这种技术与常规圆柱体引爆技术相比，引爆同样药量的钝感主装药所用的传爆药量减少 68%。出于同样的研究背景，美国海军还研制了埋入反射筒（或板）式的高能引爆系统。在标准方法中，引爆 65 b PBXW - 122 炸药，需要 $\Phi 5.0 \times 3.0$ in 的 PBXN - 110 传爆药，而使用发射筒或板后，仅需 $\Phi 3.0 \times 3.0$ in 传爆药，用量减少了 64%。

国内从 20 世纪 70 年代末开始启动爆炸逻辑网络的研究工作。20 世纪 80 年代，国内在药剂开发、网络组件设计、组网工艺等方面都取得了突破，并对爆炸逻辑及常规武器用爆炸网络进行了广泛的研究与探讨，先后对刚性爆炸网络以及装药方法进行了研究，在抹挤法的基础上研究了挤柱法装药，并研究了利用柔性导爆索制造爆炸逻辑网络的方法。

在爆炸网络起爆时间同步性及延迟性方面也做了大量理论和实验研究，2000 年温玉全等人对刚性面同步起爆网络进行了研究并给出了刚性面同步起爆网络的一般结构，认为同步起爆网络的输出端采用正方形点阵，由"工"字形网络通道相连至输入端；2008 年郑宇等设计了一种"一入六出"的六点同步起爆网络，具有一定的起爆同时性，同步起爆网络的系统误差可以控制在一定范围内，各点起爆偏差不超过 200 ns[29]。

10.4.3　发展趋势

爆炸逻辑网络技术是火工技术的前沿课题，是完成引信与战斗部之间接口的新技术，它使火工系统的传爆能力更具智能化。同时，能满足目前引信标准的要求，对于系统的可靠性、安全性均有较大的促进作用。爆炸逻辑网络是对爆炸信号进行逻辑处理与控制功能元件，可为武器系统提供先进的点火或起爆控制，有着较大的发展和应用前景。

10.5　微机电系统火工装置

微机电系统（MEMS）火工装置主要基于微机电系统的先进制造和一体集成思想，采用掩膜、沉积、刻蚀等细微加工技术、微烟火技术、微型装药技术等，将机械系统、微电子系统和化学能源系统集成，使其具备火工装置功能。其模块组成如图 10 - 12 所示。

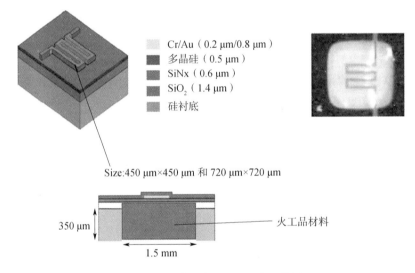

图 10 - 12　典型的 MEMS 火工装置

MEMS 火工装置本质上是以微型起爆序列和微型点火序列的形式用于先进火工系统，前者以含 MEMS 器件的微型传爆序列为典型代表，后者以基于 MEMS 工艺的微型火箭阵列为典型代表。

10.5.1　工作原理

基于 MEMS 火工技术的火工器件主要由微电子系统、机械系统和化学能源系统三部分构成。其工作原理是微电子系统的微传感器将外界输入的激励信息先转换成电信号，经过微处理器处理后（包括 A/D 和 D/A 转换）再通过微执行器对机构系统和化学能源系统发生作用，从而实现光、电、热等效应，对其他系统进行物质、能量和信息的传递或交换，相互协同工作构成一个更大、更复杂的系统。

　　下面以微电子机械多晶硅半导体桥（Semi‑Conductor Bridge，SCB）火工元件为例阐述其结构原理。SCB 火工元件的作用是向半导体桥施加电流脉冲使铝焊盘之间产生等离子体引燃。电流脉冲首先使半导体桥熔化而产生弱离子化硅蒸气的熔融态硅沟道，电流继续输入时，熔融态硅沟道变宽，使铝焊盘之间的整个桥区全部成熔融和蒸发状态。当半导体桥汽化蒸发后，爆发成等离子体，形成几千摄氏度的高温，因而引燃压装在半导体桥上的药剂。当然，半导体桥熔化所需电流能级及其脉冲持续时间取决于半导体桥的几何结构。

　　SCB 火工元件的核心部分是 SCB 芯片。SCB 芯片是以微电子技术为基础，将 SCB 芯片封装在陶瓷片上制成发火塞，再制成火工品（如 SCB 雷管、SCB 点火器）。图 10‑13 所示为单个 SCB 火工元件的结构，在"H"形的薄硅基膜片上浇灌的是两个铝焊盘，其间由半导体（重掺杂多晶硅）桥连接。SCB 的尺寸为宽度 0.09 mm，长度 0.02 mm，厚度 0.02 mm，其标称电阻约等于 1 Ω。

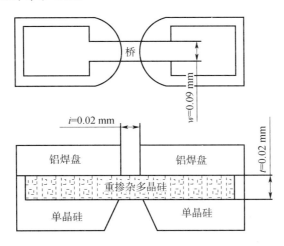

图 10‑13　单个重掺杂多晶硅半导体桥示意图

　　对于常规桥丝式火工品而言，其金属桥丝以热传导的方式加热药剂，该过程要受药剂性质及其装药结构的影响，而半导体桥火工元件以等离子体微对流形式贯穿药层，然后凝聚在药粒上使火工器件在数十微秒之内发生作用，它既不受火工药剂的影响，也不受环境温度的影响[30]。

10.5.2　发展现状

　　目前国内外均投入了大量的人力和物力研究微型火工装置阵列和微型传爆序列，以期能用于弹道修正、微型弹药和微型卫星的姿态控制。下面通过几个实例介绍微机电系统火工技术的应用和发展。

　　（1）微型火箭阵列

　　微型火箭技术是由美国国防先进技术预研局资助的微机电系列计划中的一项预研项目，其项目应用背景是微型卫星姿态修正、天线动力源及微型战场传感器（机器人）的推进。该项目起于 1997 年，1998 年完成了微型火箭（推冲器）阵列芯片的研制和试验，

2000 年 2 月成功地完成了微型卫星的飞行实验。项目的最终目标是演示包括 104～106 个微型推冲器的阵列的行为和功能。图 10-14 为微型火箭阵列芯片的结构图。

微型火箭阵列芯片具有 3 层结构，其中第 1 层为点火电桥层，第 2 层为装药及药室层，第 3 层为喷孔层。装药采用斯蒂芬酸铅和 HTPB 复合推进剂。微型火箭阵列芯片是通过不同单元火箭（推冲器）的脉冲推力完成卫星的状态修正和天线等的展开运动。

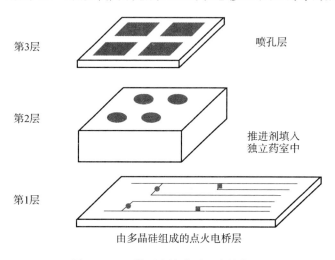

第3层　　　　　　　　　　　　　　　　　喷孔层

第2层　　　　　　　　　　　　　　　　　推进剂填入
　　　　　　　　　　　　　　　　　　　独立药室中

第1层

由多晶硅组成的点火电桥层

图 10-14　微型火箭阵列芯片结构图

（2）微型传爆序列

微型化传爆序列和微机电系统引信安全和保险装置项目是由美国国防先进技术预研局资助的微机电系统计划中的另一项预研题目，其目的是将微机电技术引入军事用途。最初目标是针对下一代鱼雷的引信安全保险装置，并且研究各类型的微机电系统传感器；最终目标是研究与微机电系统引信的安全保险装置（MEMS F/S & A）和微小尺寸弹头相匹配的通用型小型化传爆序列。利用微机电系统技术已经发展了与 MEMS F/S & A 相容的第二代冲击片雷管，即在飞片加速膛内增加一个可动的机械隔断装置，实现对冲击片雷管的安全控制。与全电子安全系统相比，这种含机械保险件的安全系统结构简单、价格便宜、技术成熟、更为实用。这种起爆系统已在新一代深潜反鱼雷型鱼雷上成功地进行了演示验证。2002 年，美国已将 MEMS 微型起爆系统用于单兵作战系统的 20 mm 榴弹。

（3）火工集成制造工艺

火工集成制造工艺采用的方法与制造集成电路和制造微机电装置的方法基本相同。制备工艺芯片采用的工艺为：在玻璃、硅片或其他基片上重复进行光刻、掩膜、蚀刻和微型注装等。例如，在图 10-14 所示的推冲器阵列芯片时，首先是在硅片或其他基片上沉积具有 Ni-Cr 合金或在硅片上掺杂 P 形成具有点火作用的桥，并将点火桥悬空，以便点火桥可以埋入推进剂中；然后，采用约束电化学腐蚀或约束光化学腐蚀的细微加工方法，在石英玻璃片等基片上制造有一定深度和容腔的推进剂药室；最后，在硅或碳化硅基片上通过掩膜和离子腐蚀或化学腐刻的方法制造具有密封结构的喷孔。装药采用真空或沉积方法向药室注装推进剂。考虑小尺寸下的燃烧稳定性，推进剂选择具有快速点火和强燃烧能力的药剂，如斯蒂芬酸铅[31]。

10.5.3 发展趋势

MEMS 火工装置采用微机电的设计思想和制造技术，将微点火器、微型装药、微机械零部件和微电子线路等集成在一片基片上，形成具有功能可选择、信息可识别和内置安保机构的火工装置。由于采用集成设计、冗余设计和微型精密制造技术等先进思想和技术，MEMS 火工装置具有微型化、高安全性、高可靠性、多功能和信息识别的特点。这种具有智能特点的 MEMS 火工技术在未来不仅能够满足 MEMS 引信和微型武器对火工装置微型化的要求，而且也将推动弹药和武器装备的变革。同时，将 MEMS 技术应用于火工系统，会极大地降低目前火工装置和系统的尺寸即能源需求，从根本上改变原有的设计观念，赋予火工系统数字化的功能。

10.6 小结

当前，欧美等发达国家已经广泛使用第三代火工装置，其特点体现在：采用电爆换能元、光爆换能元等非线性换能元以保证火工装置对起爆信息敏感，又能提高抵御环境干扰能力。采用特征感度与特征功效药剂以实现其只对换能元刺激敏感、对环境刺激钝感。运用微通道非理想爆轰原理、界面能量匹配与耦合原理等，通过微结构、网络和阵列结构集成出微装药序列，使火工装置的本质安全性与可靠性提高，并具有多维、多点输出和逻辑控制输出等高效能。

对国内研究者来说，应全面突破非线性换能及其药剂、耐高过载、抗电磁环境、多模式非电起爆网络等关键技术，完成半导体桥、爆炸箔、激光等第三代火工品、以及多模式非电起爆网络系统的性能优化与技术集成。提高火工系统抗静电、抗射频和耐过载能力，并且实现多个方位的定向起爆的效能。对于航天工作者来说，应加强新型火工装置在航天飞行器上的应用研究，提高航天飞行器的安全性、可靠性。

附录 A 火工装置试验方法

A.1 功能裕度验证方法

A.1.1 全发火能量

按 GJB/Z 377A 感度试验"升降法"试验或统计计算在可靠度 0.999、置信度 0.95 下的全发火能量值。

A.1.2 不发火能量

按 GJB/Z 377A 感度试验"升降法"试验统计计算在可靠度 0.999、置信度 0.95 下的不发火能量值。

A.1.3 输出能量

火焰压力输出类火工品的输出能量按 GJB 5309.24—2004《火工品试验方法 第 24 部分：点火压力-时间曲线测定》进行试验，采用在密闭爆发器上测量输出压力-时间曲线，或终端机构上测量力和位移等方法确定。

爆轰输出类火工品的输出能量按 GJB 5309.17—2004《火工品试验方法 第 17 部分：铝块凹痕试验》进行试验，采用爆炸后测量金属板的凹痕深度，测输出威力的方法确定。

输出能量裕度也可采用下列方法验证。

1）起爆器按最小输出能量的 80% 装配，取 5 发试验件，安装到传爆序列或终端装置上，按系统规定条件起爆；

2）起爆器按最大输出能量的 125% 装配，取 5 发试验件，安装到传爆序列或终端装置上，按系统规定条件起爆。

A.1.4 最大隔板厚度试验

隔板起爆器按规定装药量和 1.2 倍最大规定厚度的隔板装配，取 6 发试验件，按最终使用状态安装到试验工装上，其中 3 发在最低预示工作温度下正常起爆受主装药，另外 3 发在最高预示工作温度下正常起爆受主装药。

A.1.5 最小隔板厚度

隔板起爆器按规定装药量和 0.8 倍最小规定厚度的隔板装配，取 6 发试验件，按最终使用状态安装到试验工装上，其中 3 发在最低预示工作温度下正常起爆受主装药，另外 3 发在最高预示工作温度下正常起爆受主装药。

A.1.6　最大传爆间隙

最大传爆间隙试验按下列方法之一进行。

1) 将传爆装置按系统使用状态和条件连接到终端装置上，传爆装置中的施主装药与受主装药至少按最大规定间隙的 4 倍的条件安装，在规定温度下起爆传爆装置。

2) 传爆装置的施主装药量按规定药量的 75% 或更低，施主装药与受主装药按最大规定间隙条件安装，在规定温度下起爆传爆装置。

必要时应考虑施主与受主的轴向错位和角度偏差等恶劣条件。本试验至少进行 5 次。

A.1.7　最小传爆间隙

最小传爆间隙试验按下列方法之一进行。

1) 将传爆装置按系统使用状态和条件连接到终端装置上，传爆装置中的施主装药与受主装药按最小规定间隙的 50% 或无间隙的条件安装，在规定温度下起爆传爆装置。

2) 传爆装置的施主装药量按规定药量的 75% 或更低，施主装药与受主装药按最小规定间隙条件安装，在规定温度下起爆传爆装置。

必要时应考虑施主与受主的轴向错位和角度偏差等恶劣条件。本试验至少进行 5 次。

A.1.8　聚能切割装置性能裕度

聚能切割装置的性能裕度试验按下列方法之一进行。

1) 聚能切割装置按最小规定切割装药量的 67% 或更低装药量装药，至少取 6 发试验件，分别固定在与真实使用条件一致或模拟真实使用条件的试验工装上，在规定炸高下发火，切割最大厚度的规定材料。试验时应测量相关性能参数如安装间隙、作用时间、侵彻深度、冲击响应等。

2) 至少取 6 发规定切割装药的聚能切割装置，分别固定在与真实使用条件一致或模拟真实使用条件的试验工装上，在规定炸高下发火，切割至少 1.5 倍最大厚度的规定材料。试验时应测量相关性能参数如安装间隙、作用时间、侵彻深度、冲击响应等。

A.1.9　最大输入能量

火工作动装置按爆炸序列或起爆器最大输出能量的 1.2 倍或更高，取 6 发试验件，其中 3 发在最低预示温度下发火，另外 3 发在最高预示温度下发火。试验工装应能模拟系统真实使用的结构、材料、动力学特性、摩擦、刚度等条件。发火时测定规定性能参数如作用时间、位移、推力、速度、冲击响应、应力、污染等。

A.1.10　最小输入能量

火工作动装置按爆炸序列或起爆器最小输出能量的 80% 或更低，取 6 发试验件，其中

3发在最低预示温度下发火，另外3发在最高预示温度下发火。试验工装应能模拟系统真实使用的结构、材料、动力学特性、摩擦、刚度等条件。发火时测定规定性能参数如作用时间、位移、推力、速度、冲击响应、应力、污染等。

A.1.11　结构承载

在常温下，至少取2发试验件，按规定外载荷的1.2倍或更高加载后，在模拟系统预计最恶劣载荷条件的专用试验工装上发火。

A.1.12　最大点火能量

小型固体火箭按爆炸序列或起爆器最大输出能量的1.2倍或更高，取3发试验件在最高预示温度下发火。试验工装应能模拟系统真实使用的结构、材料和安装形式等条件。发火时测定规定性能参数，如时间、压力、推力等。

A.1.13　最小点火能量

小型固体火箭按爆炸序列或起爆器最小输出能量的80%或更低，取3发试验件在最低预示温度下发火。试验工装应能模拟系统真实使用的结构、材料和安装形式等条件。发火时测定规定性能参数，如时间、压力、推力等。

A.2　非破坏性检验方法

A.2.1　外观质量

目视检查，必要时用放大镜对产品进行外观检查。

A.2.2　尺寸

用满足精度要求的量具对产品尺寸进行测量。

A.2.3　桥路电阻

按GJB 5309.4—2004《火工品试验方法 第4部分：桥路直流电阻测定》规定的方法。

A.2.4　绝缘电阻

按GJB 5309.6—2004《火工品试验方法 第6部分：绝缘电阻测定》规定的方法。

A.2.5　密封性

用外观检查的方法检验密封部件的质量，不允许存在断裂、破裂、漏装等影响密封性能的缺陷。合格后，用足够灵敏的泄漏检测仪，按GJB 5309.5—2004《火工品试验方法

第 5 部分：发火后桥路电阻测定》规定的方法进行泄漏率检测。

A.2.6 结构内部质量

按 QJ 3101—1999 或 QJ 3102—1999 的规定，用 X 射线或 γ 射线、工业 CT 检查火工装置的内部质量。

A.3 起爆器电/光性能检验方法

A.3.1 静电感度

静电感度试验按 GJB 5309.14—2004《火工品试验方法 第 14 部分：静电放电试验》规定的方法。

A.3.2 射频阻抗

按 GJB 5309.12—2004《火工品试验方法 第 12 部分：射频阻抗测定》规定的方法。

A.3.3 射频感度

按 GJB 5309.13—2004《火工品试验方法 第 13 部分：射频感度试验》规定的方法。

A.3.4 不发火安全性

在常温下，对起爆器输入规定的不发火能量，在规定的时间内，起爆器不应发火。

对于电起爆器要求 1 A1 W5 min 不发火，试验后发火试验应满足设计要求。

对于激光起爆器要求待定。

A.4 环境试验方法

A.4.1 12 m 跌落

仅设计鉴定做 12 m 跌落试验，按 GJB 5309.35—2004 方法做试验。

产品从 12 m 高度跌落到（50±1）mm 厚钢板上，沿产品轴向正反两方向和横向，每方向各 1 次，产品不应发火，但允许失效。

小型固体火箭不做本项试验。

A.4.2 2 m 跌落

按 GJB 5309.36—2004 方法做 2 m 跌落试验。

产品从（2.0±0.3）m 高度跌落到（50±1）mm 厚钢板上应不发火，性能应满足预定的要求。沿产品轴向正反两方向和横向，每方向各 2 次。

A.4.3 高温烤爆

仅设计鉴定试验做高温烤爆，按 GJB 5309.29—2004 方法进行试验。

A.4.4 高温暴露

按 GJB 5309.28—2004 方法做高温暴露试验。

将产品放置在恒温试验箱内，控制温度应高于预示工作温度 30℃且不低于 71℃，试验时间不少于 1 h，产品不应自动点火或分解。分解判断可通过解剖试样，用目视检查是否有分解变质现象。

A.4.5 温度-湿度-高度

按 GJB 344A—2005 第 4、第 5、第 17 条方法做 28 天温度、湿度、高度试验。

A.4.6 高温贮存

仅设计鉴定试验做本项试验。

A.4.6.1 目的

检验装置经受最恶劣的贮存环境后造成材料的变化或装配工艺所带来的导致缩短产品使用期的情况。

可以作为加速老化试验的一部分。

A.4.6.2 方法

将产品放置在 71±2℃，相对湿度 40％～60％的环境中 30 d。

A.4.7 震动试验

按 GJB 5309.33—2004 的方法做震动试验。

在标准试验台上，以坠落高度为 150 mm，每分钟坠落 60 次进行冲击。试验 90 min，沿产品轴向正反两方向和横向，每方向各 30 min。

分离火箭和微型火箭允许不做震动试验。

A.4.8 加速度试验

仅分离火箭、微型火箭、行程式作动筒和低冲击分离螺母在设计鉴定试验中做加速度试验。

产品安装在离心试验机上做加速度试验，加速度不小于 28 g，沿产品轴向正反两方向和横向，每方向不少于 3 min。

A.5　发火试验方法

A.5.1　发火试验

在规定的温度条件（包括高温、低温和常温）下，火工装置安装到模拟系统真实使用条件的专用试验工装上，输入规定能量使火工装置发火，发火时应测定规定性能参数如作用时间、位移、推力、速度、冲击响应、压力、污染等。试验后应验证输出功能，测量的数据应与以往试验数据的统计值比较，必要时应对工作后的火工装置分解检查。

产品放置在恒温箱中保温。小型固体火箭保温不小于 8 h，行程式作动筒保温不小于 2 h，其他火工品保温不小于 1 h，产品从保温箱取出至发火的时间不大于 5 min，小型固体火箭和行程式作动筒不大于 10 min。

A.5.1.1　高温发火

1）线式切割分离装置：+165℃；

2）小型固体火箭：+71℃；

3）其他火工品：+107℃。

A.5.1.2　常温发火

20±5℃。

A.5.1.3　低温发火

1）电起爆器、激光起爆器和传爆组件：-54℃；

2）其他火工品：-45℃。

附录 B　火工装置的相关标准

我国航天火工技术随着我国运载火箭与导弹技术的发展而不断发展，在借鉴国际先进设计形式与理念的基础上，形成了一套独立的、较完整的火工品标准体系，有力地支持着我国航天事业的发展。本部分将我国航天火工品体系已有的相关标准、规范以及航天火工装置研制中需要的国家军用标准和其他标准的主要内容进行介绍。

B.1　通用技术总则类标准

航天火工装置通用类标准是航天火工装置设计的总则，是对火工装置的总体性要求，是航天火工装置在结构设计时必须参考的标准规范。标准及其主要内容如表 B-1 所示。

B.2　起爆器、点火器类标准

航天用起爆器、点火器类国内标准如表 B-2 所示。

B.3　传爆装置类标准

航天用传爆装置类国内标准如表 B-3 所示。

B.4　爆炸螺栓类标准

爆炸螺栓类火工装置常用于航天飞行器分离系统的设计，国内现有的爆炸螺栓相关标准和规范如表 B-4 所示。

B.5　电爆阀类标准

航天用电爆阀类国内标准如表 B-5 所示。

表 B-1　航天火工装置通用技术总则类标准

序号	标准代号	名称	主要内容
1	GJB 1307A—2004	航天火工装置通用规范	规定了航天火工装置的通用要求，质量保证规定和交货准备，适用于火工装置的设计、制造、试验和交货准备
2	GJB 347A—2005	火工品分类和命名规则	规定了火工品分类的原则以及火工品名称和型别编号确定的方法
3	GJB 102A—1998	弹药系统术语	规定了常规弹药系统中的弹箭和引信、火工品、火药、炸药专业常用的弹药制品、零部件等及具有特定含义的术语；同时也规定了与该系统相关的弹道学术语、检测与试验术语等
4	GJB 376—1987	火工品可靠性评估方法	规定了评估火工品可靠性的统一方法及统一的报告格式，适用于有可靠度指标的火工品设计定型可靠性评估；火工品技术条件及生产批可靠性评估也可参考使用
5	GJB 736.8—1990	火工品试验方法 71℃试验法	规定了火工品 71℃试验方法的仪器设备、试验准备、试验程序和结果处理。适用于已知加速系数下测定火工品的贮存寿命
6	GJB 736.13—1991	火工品试验方法 加速寿命试验 恒定温度应力试验法	规定了火工品恒定温度应力加速寿命试验的仪器设备、试验准备、试验程序和结果处理。适用于在没有获得加速系数情况下，由 4 个温度应力水平试验，求得火工品的加速系数与贮存寿命
7	GJB 736.14—1991	火工品试验方法 长期贮存寿命测定	规定了火工品长期贮存寿命试验的基本原理、试验准备、试验程序、结果处理和剩余寿命的预估。适用于火工品的长期贮存寿命测定
8	GJB 737.12—1993	火工品药剂试验方法 起爆药含铅量测定	规定了用络合滴定法进行起爆药含铅量测定的试剂、溶液、仪器、设备、分析步骤及分析结果的表述。适用于单质及混合起爆药中含铅量测定
9	GJB 1667—1993	火工品用精密电阻合金规范	规定了火工品用镍铬基精密电阻合金细丝（以下简称合金细丝）和极薄带（以下简称合金带）的分类、技术要求、质量保证规定、交货准备等内容。适用于火工品元器件电点火用的镍铬基精密电阻合金细丝和合金带。不适用于作绕线电阻等电阻元件用的电阻合金细丝和合金带
10	GJB 2001—1994	火工品包装、运输、贮存安全要求	规定了火工品包装、运输、贮存过程的安全要求。适用于火工品的包装、运输和贮存

续表

序号	标准代号	名称	主要内容
11	GJB 3199—1998	火工品定型一般规定	规定了火工品定型的原则、条件、程序和要求。适用于火工品（不含核武器使用的火工品）定型工作，火工品鉴定工作亦可参照使用
12	GJB 3653.X—X	火工品检验验收规则	规定了火工品检验验收依据、责任、项目、程序、方法的通用要求。适用于各类火工品检验验收规则的制定和产品检验验收项目的确定，并可用于指导对产品的检验验收
13	GJB 5309X—X	火工品试验方法	规定了火工品试验方法的使用、仪器、设备和装置、试验的环境条件、试样、安全防护以及试验报告等的一般要求。适用于军用火工品的试验
14	GJB 5822—2006	航天发射试验火工品使用规则	规定了航天发射试验火工品在发射场的测试、安装及运输、贮存等相关技术要求。适用于运载火箭的火工品在发射场的各项工作
15	QJ 1075A—1996	航天火工装置通用规范	规定了航天火工装置的要求、质量保证规定和交货准备。适用于航天火工装置的设计、制造、试验和验收，也适用于制定特殊要求火工装置的专用标准的依据

表 B - 2 起爆器、点火器类标准

序号	标准代号	名称	主要内容
1	GJB 344A—2005	钝感电起爆器通用规范	规定了钝感电起爆器的通用要求，适用于 A 类和 B 类钝感电起爆器设计
2	GJB 1579—1993	电起爆的电爆分系统通用规范	为所有电爆分系统和零部件的设计、研制和验收规定了统一的设计、鉴定要求和试验方法。适用于使用电起爆元件、爆炸元件或烟火元件的所有分系统。当与规范规定的设计、鉴定要求和试验方法相抵触时，使用方和承制方另行协商
3	QJ 1989A—1998	桥带式电起爆器通用设计规范	规定了桥带式电起爆器（以下简称电起爆器）的技术要求、质量保证规定和交货准备。适用于电起爆器的设计、生产和验收
4	QJ 1989—1990	桥带式电起爆器通用技术条件	规定了 1 A1 W 桥带式电起爆器的分类、技术更改、试验方法和验收规则。适用于航天产品采用的桥带式电起爆器的研制、生产和验收

续表

序号	标准代号	名称	主要内容
5	GJB 2034—1994	航天飞行器系统电爆分系统的安全要求和试验方法	规定了航天飞行器系统电爆分系统的一般安全要求和试验方法，以便防止意外引爆和点火失败所造成的危害，确保人员、发射设备、场地设施和航天飞行器的安全。适用于运载器、导弹、卫星、飞船等航天飞行器系统的电爆分系统的整个使用期
6	QJ 3168—2003	隔板起爆器和隔板点火器通用规范	规定了隔板起爆器和隔板点火器的技术要求、质量保证规定和交货准备。适用于隔板起爆器和隔板点火器的设计、制造和验收

表 B-3 传爆装置类标准

序号	标准代号	名称	主要内容
1	QJ 3122—2000	非电传爆系统通用规范	规定了非电传爆系统的技术要求、质量保证规定和交货准备。适用于非电传爆系统的设计、制造和验收
2	QJ 1951A—1998	限制性导爆索通用规范	规定了限制性导爆索的技术要求，质量保证规定和交货准备。适用于限制性导爆索的设计、制造和验收
3	WJ 2019—2004	塑料导爆管	

表 B-4 爆炸螺栓类标准

序号	标准代号	名称	主要内容
1	GJB 1832—1993	爆炸螺栓通用规范	规定了爆炸螺栓的技术要求，质量保证规定和交货准备等内容。适用于爆炸螺栓的设计、制造和验收
2	QJ 2246A—1998	爆炸螺栓参数系列	规定了爆炸螺栓的分类、选用原则、承载能力分级和连接螺纹尺寸。适用于爆炸螺栓的设计和使用

表 B-5 电爆阀类标准

序号	标准代号	名称	主要内容
1	QJ 2708—1995	电爆阀通用规范	规定了电爆阀的要求、质量保证规定、交货、说明事项。适用于航天推进系统用电爆阀的设计、制造和验收

附录 C　火工品相关术语

火工装置	pyrotechnic device	由起爆器、装药和功能机构（构型）组成，利用装药燃烧或爆炸产生的能量，通过功能机构完成特定功能的装置的总称。
火工品	initiating explosive device	可用预定刺激量激发其中装药，并以装药爆炸或燃烧产生的效应完成点燃、起爆功能及作为某种特定动力能力能源及装置。
电火工品	electric initiating explosive device	以电能激发的火工品。又称电爆装置。
起爆器	initiator	由机械、电、冲击波或激刺激其中装药而产生燃烧或爆轰，用于点燃火起爆后续装药，其输出可以是热、气体、光或燃烧粒子等，但不包括又由这些独立组件组成的完整爆炸装置。起爆器包括撞击火帽、电起爆器、隔板起爆器等。
电起爆器	electric initiator	以电能激发的起爆器。电起爆器包括点激发的雷管、热桥丝（带）起爆器、点火器、点火具和药筒等。
非电起爆器	non-electric initiator	除电能以外的以其他形式的能量激发的起爆器。
隔板起爆器	through-bulkhead initiator	利用金属隔板传播其施主装药产生的爆轰能量，作用于受主装药而激发的起爆器。
电隔板起爆器	electric through-bulkhead initiator	以电能激发的隔板起爆器。
点火器	igniter	烟火系列中第一个输出能源的发火元件。由机械能或电能等激发其中装药的独立组件，但不包括由这些独立组件组成的完整发火装置。
隔板点火器	through-bulkhead igniter	利用金属隔板传播其施主装药产生的爆轰能量，作用于受主装药而激发的点火器。
电隔板点火器	electric through-bulkhead igniter	以电能激发的隔板点火器。
非电隔板点火器	non-electric through-bulkhead igniter	除电能以外的其他形式激发的隔板点火器。
输出装药	base charge in detonator	至少有两种装药的火工品中，以其燃烧或爆炸产生的效应来完成规定功能的装药。
中间装药	intermediate charge	至少有三种装药的火工品中，介于始发装药和输出装药之间的装药。
施主	donor	以燃烧或爆炸产生的效应作用于其他装药或火工品的装药或火工品。
受主	accepter	受到其他装药火工品燃烧或爆炸产生的效应作用的装药或火工品。

起爆药	primary explosive	最敏感的一类炸药，其爆炸速度能在很短的时间内增至最大。有单质起爆药和混合起爆药等。
点火药	ignition composition	通常指热感度较高，点火能力较强的焰火药。主要做点火及传火装置。
延期药	delay composition	通常指以有规律燃烧实现延期目的的烟火药。
爆炸螺栓	explosive bolt	利用装药爆炸产生的效应使螺栓预定部位断裂，完成解锁功能的火工品。
传爆装置	Explosive Transfer Assemble，ETA	包含线形装药组件的爆炸序列装置。用于将起爆器产生的爆轰或燃烧传递到终端装置。传爆装置包括各种索类火工装置、延期装置等。
索类火工品	linear explosive charge	具有连续细长装药的索状火工品的总称，如导爆索、导火索、延期索、切割索等。
非电传爆系统	non - electric stimulus transfer system	有 1~2 个点起爆器激发，经导爆索组件转换和传递，最终使多个非电终端火工装置完成功能的系统。
导爆索	detonating cord	装药为猛炸药，传递爆轰波的索类火工品。
柔性导爆索	Mild Detonating Cord，MDC	外壳为柔性金属管的导爆索，又称金属管导爆索。
限制性导爆索	Confined Detonating Fuse，CDF	有约束爆炸破片飞散外套的导爆索。
切割索	linear shaped charge	具有聚能效应的索类火工品。
导火索	blasting fuse	装药为黑火药，传递火焰的索类火工品。
延期索	delay cord	装药为延期药，起延期作用的索类火工品。

参 考 文 献

[1] 刘旭. 中国古代火药火器史 [M]. 河南：大象出版社，2004.

[2] 叶迎华. 火工品技术 [M]. 北京：北京理工大学出版社，2007.

[3] 李国新，程国新，焦清介. 火工品实验与测试技术 [M]. 北京：北京理工大学出版社，2007.

[4] 马宏林. 火工品在空间飞行器上的应用 [J]. 火工品，1983. 1：5 - 12.

[5] 田锡惠，主编. 导弹结构·材料·强度（上）[M]. 北京：宇航出版社，1996.

[6] 王凯民. 军用火工品设计技术 [M]. 北京：国防工业出版社，2006.

[7] 谢鲁. 膨胀管分离装置的研究 [D]. 南京：南京理工大学，2006.

[8] Floyd Z. Smith Pyrotechnic shaped charge separation systems for aerospace vehicles NASA TM X－1607

[9] 吴晗玲，张志峰，等. 国外线式分离装置研究发展现状及趋势展望 [J]. 中国航天科技集团公司固体推进技术及火工品专业组 2012 年学术研讨会论文集，2012：35 - 42.

[10] 刘西广，等. 半导体桥火工品的发展 [J]. 爆破器材，1995，24（4）：12 - 17.

[11] 徐振相，等. 微电子火工品的发展及应用 [J]. 爆破器材，2004. 12：29 - 34.

[12] 吴惠国. 隔板起爆器的研究与设计 [J]. 导弹火工技术，1986. 1：31 - 41.

[13] 陈志玮，等. 延时隔板起爆器的设计 [J]. 火工品，1995. 2：45 - 46.

[14] 陈福梅，译. 弹药爆炸系列的原理与设计 [M]. 北京：国防工业出版社，1979.

[15] 吴美林，黄强，王艳芳. 塑料导爆管的研究与制备 [J]. 中国塑料，2011. 12：12 - 16.

[16] 荆术祥，钱华，刘大斌，等. 装药量对塑料导爆管传爆性能的影响 [J]. 爆破器材，2010. 5：4 - 6.

[17] 高滨，李忠刚，马景. 分离螺母的关键设计参数分析 [J]. 航天返回与遥感，2001. 2：63 - 65.

[18] 鲁建存，张世敏，等. 拔销器燃动过程分析 [J]. 火工品，1997. 1：23 - 25.

[19] JESSICA A. Woods V，JEFFREY R K，DAVID M. Design and Analysis of Outer Mold Line Close - outs for the Max Launch Abort System (MLAS) Flight Experiment [J]. NASA/TM - 2010 - 216208

[20] 张吉瑞，译. 固体火箭发动机设计基础 [M]. 兵器工业第二一〇研究所，1982.

[21] 王元有. 固体火箭发动机设计 [M]. 北京：国防工业出版社，1983.

[22] 周正伐. 可靠性工程基础 [M]. 北京：中国宇航出版社，2009.

[23] 李静，姚朴，等. 火工品药剂相容性问题的探讨 [J]. 火工品，2001. 2：45 - 48.

[24] 夏峰，王新宇，等. 浅议火工品药剂相容性分析方法 [J]. 国防技术基础，2008. 3：25 - 28.

[25] 曾雅琴. 半导体激光点火系统失效机理的研究 [D]. 北京：北京理工大学，2010.

[26] SUMPTERD R. Laser - initiated ordnance for air - to - air missiles [C]. The First NASA Pyrotechnics Systems Workshop (USA)，1992.

[27] CLARENCE F，CHENAULT，JACK E，et. The Small ICBM Ordnance Firing System [C].

AIAA 92 - 1328.

[28] DENIS D，PATRICK F. Overview of Recent Developments of Optopyrotechnics for Space Applications. 44th AIAA/ASME/SAE/ASEE Joint Propulsion Conference & Exhibit 21 - 23 July 2008，Hartford，CT.

[29] 刘红利. 爆炸网络在聚能装药战斗部中的应用技术研究 [D]. 山西：中北大学，2011.

[30] 孔俊峰，李兵. 新一代火工技术及其应用 [J]. 国防技术基础，2010. 7：40 - 43.

[31] 沈瑞祺，等. 数字化火工技术的概念与应用 [J]. 火工品，2000. 2：36 - 38.

图 2-3　双桥带电点火器(P14)

图 2-5　单桥带电起爆器(P15)

图 2-8　半导体桥点火器(P18)

图 2-11　机械起爆器(P20)

图 2-15　隔板点火器(P23)

图 2-17　延期点火器(P25)

图 3-5　级间分离使用的非电传爆系统(P30)

图 3-9　塑料导爆管组件图(P35)

图 4-4　某航天飞行器使用的剪切销式爆炸螺栓外形图(P40)

图 4-8　某运载火箭采用的双元无污染削弱槽式爆炸螺栓(P44)

图 4-10　钢球锁(P46)

图 4-14　分离螺母(P50)

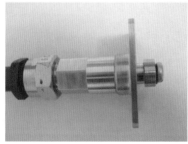
图 4-16　连接销式分离装置(P52)

图 4-18　拔销器产品实物图(P55)

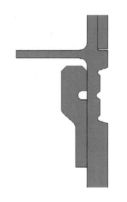
图 4-20　导爆索分离装置分离作用过程示意图(P56)

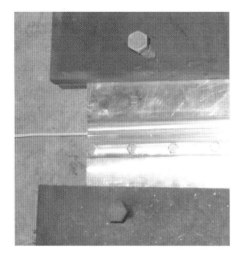

图 4 - 24　导爆索分离装置(P59)

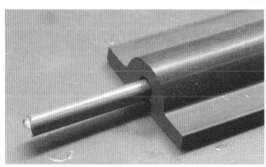

图 4 - 29　橡胶保护套式切割索分离装置(P64)

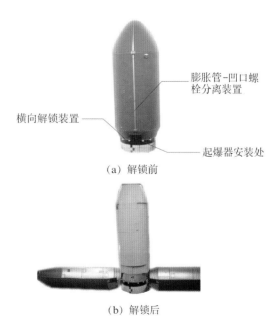

膨胀管-凹口螺栓分离装置

横向解锁装置

起爆器安装处

（a）解锁前

（b）解锁后

图 4 - 32　某航天飞行器的膨胀管分离装置(P68)　　　　图 4 - 37　整流罩分离试验(P72)

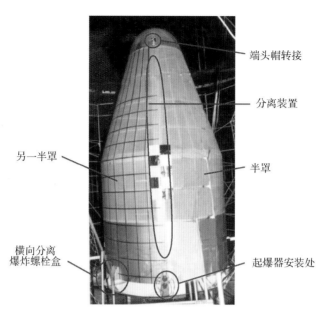

端头帽转接

分离装置

另一半罩

半罩

横向分离
爆炸螺栓盒

起爆器安装处

图4-42　整流罩(含分离装置)(P77)

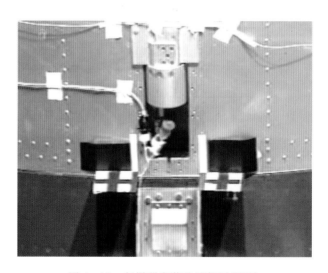

图4-43　起爆器安装处局部图(P78)

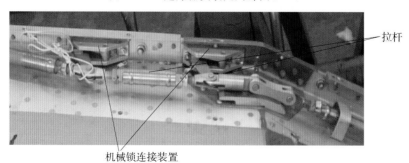

拉杆

机械锁连接装置

图4-47　整流罩上用机械锁式连接装置(P82)

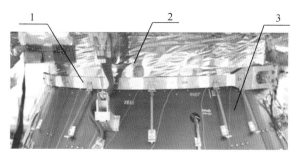

图 4 - 49　典型包带解锁装置示意图(P84)

1—包带解锁装置;2—分离体(上);3—分离体(下)

图 5 - 2　拉式作动筒(P89)

图 5 - 3　推式作动筒(P89)

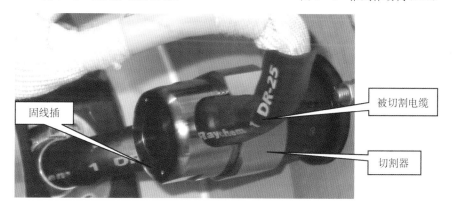

图 5 - 6　某航天飞行器切割电缆时使用的切割器(P92)

图 5 - 7　包带解锁装置使用的切割器(P92)

图 5-9　分离火箭(P96)

图 5-11　慢旋火箭(P98)

图 5-13　气体发生器(P101)

图 6-3　机电式保险装置在传爆序列中的应用(P114)

图 6-5　逃逸灭火系统用电爆阀(P118)

图 6-7　某爆炸器的外观(P120)

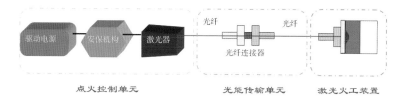

图 10-1　激光点火(起爆)系统结构图(P156)

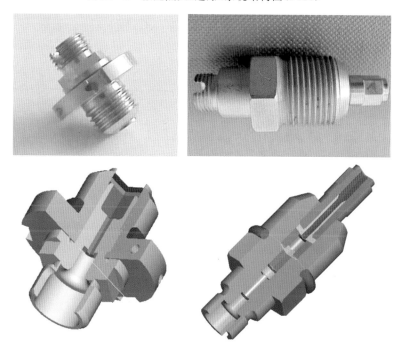

10-7　法国研制的激光点火器(左图)和激光起爆器(右图)结构简图(P161)

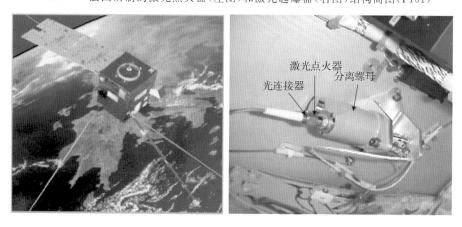

图 10-8　震区电磁辐射探测卫星及其所用的激光火工系统局部图(P162)

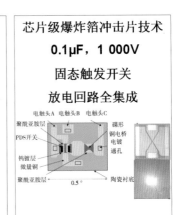

爆炸箔冲击片技术	低能爆炸箔冲击片技术	芯片级爆炸箔冲击片技术
0.22μF，2 500V	0.22μF，1 200V	0.1μF，1 000V
真空触发开关	真空触发开关	固态触发开关
放电回路为分立元件	放电回路部分集成	放电回路全集成

图 10-9 爆炸箔起爆技术的发展历程(P165)

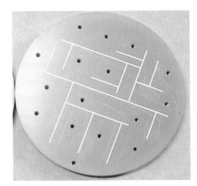

图 10-10 典型的爆炸逻辑网络(P166)

Cr/Au（0.2 μm/0.8 μm）
多晶硅（0.5 μm）
SiNx（0.6 μm）
SiO₂（1.4 μm）
硅衬底

Size:450 μm×450 μm 和 720 μm×720 μm

350 μm

1.5 mm

火工品材料

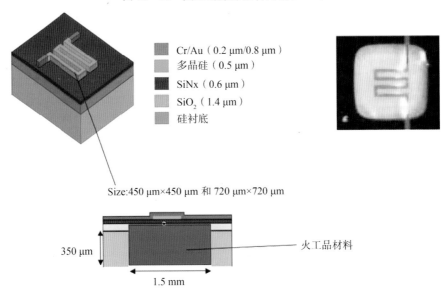

图 10-12 典型的 MEMS 火工装置(P168)